国家自然科学基金项目(41372160)资助

采煤工作面瓦斯地质分析方法

崔洪庆　关金锋　著

中国矿业大学出版社

· 徐州 ·

内 容 提 要

本书系统地介绍了高瓦斯突出煤层采煤工作面瓦斯地质研究方法,提出了采煤工作面四维瓦斯地质分析的理念和工作思路,将采煤工作面瓦斯地质研究方法划分为精细化瓦斯地质勘查和四维瓦斯地质分析两个方面。其中,精细化瓦斯地质勘查方法研究方面,提出了基于井下应力痕迹观测的现代应力场最大主应力方向预测方法、基于井下平面摄影和计算机处理技术的煤层宏观裂隙观测及预测方法以及基于瓦斯抽采工程的采煤工作面隐伏小断层、小褶曲和煤厚异变的勘查预测方法;在四维瓦斯地质分析方面,提出了基于瓦斯浓度监测数据的采煤工作面瓦斯涌出量分源计算和瓦斯浓度变化规律分析方法以及基于小断层、小褶曲和煤厚异变附加应力场数值模拟分析的采煤工作面煤与瓦斯突出危险部位预测方法。

本书可作为从事瓦斯地质与瓦斯灾害防治技术学习和研究的高等院校地质工程、采矿工程和矿山安全工程领域的本科生和研究生的专业参考书,也可供煤炭企业和科研部门的相关技术人员和技术管理人员参考。

图书在版编目(CIP)数据

采煤工作面瓦斯地质分析方法/崔洪庆,关金锋著
.—徐州:中国矿业大学出版社,2020.11
　ISBN 978 - 7 - 5646 - 4412 - 3

Ⅰ.①采… Ⅱ.①崔…②关… Ⅲ.①回采工作面—
瓦斯煤层—地质学　Ⅳ.①TD712

中国版本图书馆 CIP 数据核字(2020)第218076号

书　　名	采煤工作面瓦斯地质分析方法
著　　者	崔洪庆　关金锋
责任编辑	潘俊成　王美柱
出版发行	中国矿业大学出版社有限责任公司
	(江苏省徐州市解放南路　邮编 221008)
营销热线	(0516)83884103　83885105
出版服务	(0516)83995789　83884920
网　　址	http://www.cumtp.com　E-mail:cumtpvip@cumtp.com
印　　刷	苏州市古得堡数码印刷有限公司
开　　本	787 mm×1092 mm　1/16　印张 11　字数 275 千字
版次印次	2020 年 11 月第 1 版　2020 年 11 月第 1 次印刷
定　　价	45.00 元

(图书出现印装质量问题,本社负责调换)

前　言

　　煤矿生产实践表明,煤与瓦斯突出等瓦斯灾害经常发生在瓦斯地质条件异常变化的地带,开展瓦斯地质研究,提高瓦斯地质条件勘查和预测精度是煤矿瓦斯灾害防治工作的重要基础。

　　本书在阐述了煤层小构造致灾作用和瓦斯地质分级区划方法的基础上,重点介绍了瓦斯地质条件精细化勘查和四维瓦斯地质分析两方面内容,提出了采煤工作面瓦斯地质研究的新方法。其中包括:基于井下应力痕迹观测的应力场最大主应力方向预测方法;基于井下平面摄影和计算机辅助处理技术的煤层宏观裂隙观测分析及煤层渗透性预测方法;基于煤层瓦斯抽采工程的采煤工作面隐伏小断层、小褶曲和煤厚变化的勘查和预测方法;基于瓦斯浓度监测数据的采煤工作面瓦斯涌出量分源计算和瓦斯浓度变化规律分析方法;基于小构造附加应力场数值模拟分析的采煤工作面煤与瓦斯突出危险部位预测方法;等等。

　　本书介绍的内容主要是河南理工大学在完成国家自然科学基金项目"高突煤层长壁回采工作面四维瓦斯地质研究"(项目编号:41372160)的过程中取得的成果,其中包括项目主持人河南理工大学崔洪庆教授和项目组成员的相关科研成果,以及在崔洪庆教授指导下的关金锋博士和其他研究生的相关学位论文成果。全书由关金锋博士组稿,崔洪庆教授修改,崔洪庆教授与关金锋博士为共同第一作者。

　　笔者要特别感谢刘勇老师在煤层裂隙计算机辅助分析方法研究中的贡献,感谢丁志伟、秦丽杰、胡广东、卢承博、陈莲芳、樊帅帅、孙月龙、李莹莹、郭明、徐晓帆、韦柳屾、王雨婷和景少颖等多位研究生的辛勤工作,还要感谢河南焦煤能源公司和古汉山矿的有关领导和技术人员的大力支持和帮助,并对本书引用文献的各位作者致以由衷的敬意和诚挚的感谢!

　　由于作者水平所限,书中难免有不妥之处,敬请同行专家批评指正。

著　者

2020 年 6 月

目　　录

1 绪 论

1.1 研究背景和意义

煤炭资源具有投资强度低、开发周期短、效率高、技术成熟等优势,在世界各国均作为最为易得、最普遍的常规能源而得到普遍开发利用。近年来,随着我国经济的快速发展与优化能源消费结构的迫切需要,非常规能源在总能源消耗中所占的比重有所增加[1]。然而,我国"多煤、少油、缺气"的天然能源分布特点,决定了我国能源消费结构必将是"以煤炭为主体,油、气、新能源共同全面协调发展"的格局,这一消费特点在短时期内也不会有大的改变[2,3]。截至 2018 年底,我国原煤产量仍达 36.8 亿 t,千万吨级大型煤矿 42 处,煤炭资源目前仍在大规模开发利用[4]。

在煤炭资源开采过程中,存在诸多灾害和事故发生的可能性,特别是瓦斯突出灾害事故,给我国煤炭工业健康发展、矿工生命安全造成了极大威胁。伴随《防治煤与瓦斯突出细则》[5]等行业规范的颁布实施,我国煤矿瓦斯防治工作取得了长足发展,瓦斯灾害的威胁也得到了一定程度的缓解与控制。然而时至今日,我国尚不能完全避免此类灾害事故的发生[6]。特别是随着浅部煤炭资源逐渐枯竭,煤炭向深部区域开采成为不可避免的发展趋势,在开采过程也必将面临更大的瓦斯灾害威胁。在深部开采过程中,地质条件将会更加复杂,必然会对煤层瓦斯分布特征产生更加复杂的影响,这对瓦斯地质条件的有效勘查和预测工作也提出了更高要求。

理论研究和煤矿事故案例均表明:地质构造和煤与瓦斯突出事故存在着某种直接或间接的关系[7,8]。此外,隐伏小构造等地质异常还会导致煤层瓦斯抽采不均衡,降低了瓦斯灾害防治工程的有效性,也埋下了瓦斯灾害事故隐患[9,10]。

瓦斯地质研究是煤矿瓦斯灾害防治的基础,有效的采煤工作面瓦斯地质分析则是煤矿瓦斯地质研究的基本途径。面对日益严峻的煤矿瓦斯灾害防治形势,不断加强采煤工作面瓦斯地质分析方法研究,提高瓦斯地质勘查和预测精度,有助于进一步提高瓦斯治理工作的有效性,对于保障煤矿安全生产具有重要的现实意义。

1.2 瓦斯地质分析方法研究现状

随着对瓦斯地质与瓦斯灾害防治认识的不断提高,广大科研和生产技术人员开始重视对瓦斯地质分析方法的研究,围绕瓦斯地质条件预测、瓦斯地质区划等方面提出了许多行之有效的方法,在煤矿生产实践中发挥着越来越重要作用。

1.2.1 瓦斯地质条件预测方法

所谓瓦斯地质条件是指煤层的瓦斯赋存状态和影响瓦斯赋存的地质因素,前者包括瓦斯压力和瓦斯含量等参数,后者包括地质构造、煤厚、地应力场和煤层透气性等。基于本书研究内容,这里仅就地质构造和现代应力场研究方面做一简要介绍。

1.2.1.1　地质构造预测方法

煤层小断层、煤层小褶曲、煤厚变化带控制着煤层局部范围内瓦斯异常分布,对这些控制瓦斯异常的地质构造进行精确预测,是煤矿有针对性地重点开展瓦斯防治工作的前提。目前来说,煤层小构造预测方法主要包括地质分析方法、地球物理勘探方法、钻探和巷探方法。

（1）地质分析方法

地质分析方法是基于勘探和采掘生产揭露的实际资料,利用构造地质学原理和方法,分析构造分布规律和地质参数与瓦斯参数之间的相关关系,预测未揭露区域的瓦斯地质规律。

从构造成因角度出发,通过对地质构造进行力学—成因解析,预测矿井地质构造分布规律,是一种行之有效的传统构造预测方法[11-13]。断层影响带地质构造变化特征与小断层的出现存在特定联系,通过建立煤（岩）层节理与断层之间的线性数学关系模型,进行工作面隐伏小断层预测是常用的方法[14]。同时,模糊数学[15]、神经网络理论[16-18]等系统工程理论被应用于地质构造预测过程中,对于探索有效的地质构造数学预测模型发挥了积极作用,使构造预测由定性预测逐渐走向定量预测。曲面磨光法[19,20]、聚类分析法方法[21,22]等也先后应用于地质构造分析判别过程中,极大地推动了地质构造精细化分析评价方法的发展。分形理论也被引入地下采矿领域,其逐渐被应用于煤田地质构造的评价与预测过程,其中黄丹[23]、刘玉林[24]、Sun 等[25]学者对煤矿小型构造的分形定量化预测进行了现场应用探索。黄乃斌[26]、廉宪法[27]、Wu 等[28]在井下揭露区观测基础上,结合计算机进行数据插值处理,提出了对煤层隐伏小断层进行量化预测的方法。武强[29]、Zhu 等[30]提出了利用 GIS 技术进行煤层小构造预测的方法和工作流程。另外,通过研究形成地质构造的煤系介质条件和应力场特征,可以通过地层介质参数和应力场综合分析来进行煤田小断层发育程度的定量预测[31,32]。这些中小构造分析和预测方法,为瓦斯地质分析奠定了基础。

（2）钻探和巷探方法

钻探和巷探方法是煤矿最早使用的地质构造探查方法[33,34]。专门的巷探方法,因其成本太高而很少采用。在地质条件非常复杂的情况下,一般都是综合利用生产巷道,对地质构造进行探查,以满足采掘设计和安全生产的需要。而钻探方法在煤矿探查中小构造当中应用最为广泛,是最直接、最有效的构造预测手段。

钻探方法分为取芯钻探和不取芯钻探两种。其中,取芯钻探揭示地层信息量大,具有精细揭露地质构造作用,在煤田地质勘查过程中发挥着不可替代作用。但是,要获取完整的钻芯,对现场施工技术、钻芯资料的解释要求条件就比较高,而且这种方法需要专业的钻探设备,投入费用比较大;不取芯钻探方法主要依据钻机的钻进速度、钻机的压力、钻屑的物理特征等来判断地下是否存在构造,相对来说对钻探设备要求低,对现场工人操作水平要求也不高,是目前煤矿企业应用最为广泛的钻探方式[35,36]。同时,随着定向钻探装备、新型钻探工艺、随钻监测设备的不断革新发展,煤矿井下钻探方法取得了长足的发展,大幅度提高了煤矿井下地质构造的预测水平[37-39]。

（3）地球物理勘探方法

地球物理勘探方法简称"物探",按地球物理场性质可以分为重力勘探、磁法勘探、电法勘探、地震勘探等[40-44]。重力勘探和磁法勘探一般应用于煤炭资源预查阶段,主要用于圈定煤炭资源储量与预测区域大型地质构造分布特征,地震勘探、电法勘探则被广泛应用于煤矿地质构造的探查[45-47]。地震勘探方法包括二维和三维地震勘探,主要有槽波地震勘探技术、瑞利波勘探技术、弹性波 CT 探测技术。地震勘探方法基于煤(岩)体对人工激发地震波不同的反射、投射、折射性能,根据特定位置地震仪所接收的地震波传播时间、传播速度等资料,确定构造分界面埋藏深度和产状特征[48,49]。槽波地震勘探技术最早在德国取得应用[50,51],20 世纪 80 年代我国煤矿引进了该技术,通过在多个矿区不断进行工程实践改进,目前已成为煤矿井下小构造探测过程中一项重要的技术手段[52]。稳态瑞利波法由于激振器体积庞大和防爆等问题难以解决,勘探过程主要在地面进行;瞬态瑞利波技术及装备的研制成功为煤矿井下瑞利波探测地质构造开辟了新途径,在采掘工作面前方、巷道两帮及顶底板的地质探测方面发挥着越来越重要的作用[53,54]。弹性波 CT 探测技术是基于弹性波传播速度与岩层性质、地应力之间的密切联系,通过测试分析岩层内波速异常区分布,来确定地质异常体或煤与瓦斯突出的危险区[55,56]。二维地震勘探技术在矿井应用实践中,逐渐形成了"绕射波"和"钻井间地震层析成像技术"等方法,目前能够查明落差大于 10 m 的断层,解释 5~10 m 的断点[48,57];三维地震勘探能够探明 5 m 以上的断层,解释 3 m 左右的断点以及煤层底板起伏形态,其对于煤层小构造的探测能力远远超过二维地震勘探[44,58-60]。在现场应用过程中,为了最大限度地提高地质构造预测的准确性,往往结合多种物探方法综合使用[61]。

矿井电法勘探技术自 20 世纪 50 年代引入我国后,先后经历了地面直流电法为主、井下直流电法为主、地面与井下联合瞬变电磁法三个发展阶段,目前应用于煤矿地质构造勘探的主要技术包括直流电法、瞬变电磁法、无线电波坑道透视法、地质雷达等[62-64]。直流电法因为井下抗干扰能力强和解释方法简单等优点而得到普遍应用,其在煤层底板隔水层、含水层富水性、破碎带导水通道等的探测方面发挥着独特优势,对于井下含水构造探测具有良好的应用效果[65,66]。在现场应用过程中,瞬变电磁法结合地震勘探结果可以进一步降低物探资料多解性问题[67]。地质雷达对煤矿井下的煤层、灰岩、砂岩的穿透能力强,应用过程中如能充分考虑过滤介质性质及其赋存环境,合理选取滤波器参数,往往能够取得较好的应用效果[68-70]。

众多地质构造预测方法已经在我国矿井得到了推广应用,但具体应用过程中每种方法均有一定的探测精度和工程适用性。其中,物探方法容易受作业环境(巷道积水、堆积物、铁器与电气等干扰)影响,探测资料解释成果多解性问题尚未得到有效解决;同时,由于受预测精度的限制,3 m 以下的小断层几乎成为物探的盲区。钻探和巷探工程必须投入专门勘查巷道和煤岩钻孔的钻探设备,常常由于现场工程量大和投入费用多等问题,煤矿企业实际能够投入的专门钻探工程量十分有限,远远不能达到精细化预测小构造的程度。地质分析法不但要求预测技术人员具有坚实的地质学等理论基础,而且地质构造预测模型的建立必须依赖于现场已经揭露的地质资料,这种地质构造预测方法在煤矿现场普遍开展应用也存在一定困难。由于地质构造的探明和预测精度直接影响采煤工作面瓦斯地质分析的正确性和对煤与瓦斯突出等瓦斯灾害的预测精度,而现有方法对小构造探明和预测精度不高的问题,也成为制约提高采煤工作面瓦斯地质分析和预测精度的客观因素。

1.2.1.2 现代地应力场预测方法

研究一个矿区的现代构造应力场特征的方法很多[71-77],现就常用方法简述如下。

(1)理论分析法

一个矿区所处的原岩应力场的宏观类型可以通过其自身与周围区域的相对运动关系来确定,不同的运动关系决定着该矿区的受力状态。例如,大地静力场型原岩应力场地区往往受拉张作用;大地动力场型原岩应力场地区则往往受挤压作用较为明显。所以,一个地区的原岩应力场类型可根据其受力状态进行大致判断,还可以通过研究矿区及周围区域的相对运动趋势来正确判别矿区原岩应力场。

(2)地质分析法

断层、褶曲、节理等构造形迹,在形成过程中与其当时所处的应力环境有很大关联,采用赤平投影的方法对此类构造形迹的准确分析,就能够获得此类构造形迹在形成时的构造应力场特征。尤其是对于较新的地质构造,其所处的应力环境往往与现代构造应力场特征相一致,通过对这类构造进行分析,一般可以得到可靠的现代构造应力场信息。

(3)井下测绘法

井下巷道围岩变形与破坏特征与原岩应力场类型、主应力值大小和主应力方向有很大关系。在相同或相近力学性质的岩层中,根据弹塑性理论分析,断面为圆形的井筒或巷道段内,在巷道断面上发生变形破坏最严重的方向与其最大主应力方向相垂直;因而,在以水平应力为主的大地动力场型应力场中,巷道的顶、底板往往会先发生破坏或产生相对较大的位移量。假如一个矿区内同一方向的巷道破坏最为明显,就可以判断该矿区存在较大的构造应力,并且其构造应力场最大主应力的方向往往与该方向相垂直。

(4)地应力测量法

地应力测量是一种定量研究地应力场的方法,也是目前应用较多的方法。该方法能够为岩石工程设计提供重要的应力场相关参数。目前,应力解除法和水压致裂法两种测量方法的应用最为广泛。水压致裂法是通过对测试段的钻孔进行注水压裂,通过压裂纹的走向和倾向来判断主应力的大小和方向。应力解除法是通过对岩体进行扰动,通常采用在岩体中切槽或钻孔等方法,或采用套钻的方法,将部分岩样或全部岩样从钻孔周围岩石中分离开,并根据岩体应力—应变关系计算得出原岩应力。由于地应力测量的经济成本较高,煤矿生产中很少开展大量的地应力场测量工作。

(5)地应力场数值反演法

地应力场数值反演是通过建立矿区地质力学模型,包括确定边界条件、划分计算区块及确定矿区内主要构造位置、确定各岩层的物理力学性质和岩层的分布特征等,以矿区内应力实测数据对所建地质模型的边界施加载荷,通过数值计算,揭示矿区现代构造应力场特征。

1.2.2 瓦斯地质区划方法

瓦斯赋存受地质条件控制,而且从区域到矿区、矿井、采区、采面,可能存在不同样式的主控地质因素或主控构造。有针对性地对煤层瓦斯地质进行区划,是瓦斯地质研究中最基本、最有效的分析方法之一[78,79]。

郭德勇等[80,81]通过研究构造分布特征、构造组合样式对构造变形区煤体结构及瓦斯分布的影响作用,提出了瓦斯突出构造的突出段与非突出段预测方法。张子戍[82]提出了构造复杂程度系数的概念及计算方法,认为可以将构造复杂程度系数作为瓦斯突出危险性预测的一项定量指标。曹运兴[83]、杨陆武等[84]通过研究瓦斯突出危险矿井中煤层瓦斯、构造煤分布特征,提出了特定瓦斯地质条件下存在瓦斯突出危险敏感判别指标,从而提高了瓦斯突出危险性预测效率。胡千庭等[85]从瓦斯赋存空间(区域、层域)、采动影响作用时间四维角度出发,提出了考虑采动影响作用的煤矿瓦斯地质四维分析方法,对地质构造附近瓦斯突出危险分析方法进行了探索性研究。Yang 等[86,87]通过研究地应力场方向对瓦斯突出的影响,提出在三向地应力场显著差异的煤矿区,可以通过改变工作面布置方位来降低瓦斯突出危险程度。刘明举[88]、何俊等[89]根据断层分布分维值与瓦斯突出危险之间存在正相关关系,提出了利用断层分形特征来进行瓦斯突出危险预测的方法。与此同时,事故树分析法[90]、黏滑失稳理论[91]、神经网络理论[92,93]、灰色系统理论[94]、层次分析法[95,96]等系统工程理论和方法也被应用于瓦斯地质分析、瓦斯突出预警预测过程中,在一定程度上促进了瓦斯突出危险分析方法不断发展。

纵观国内外研究现状,煤矿瓦斯地质分析方法取得了丰硕的研究成果,从采用单一地质手段到地质学、计算机科学与系统工程理论综合应用,形成了相对系统的方法体系,为煤矿瓦斯防治和煤层气开发提供了重要的理论指导。但就其应用深度来看,仍有几个方面需要深入研究。目前瓦斯地质区划方法主要应用于大范围煤层瓦斯分布类型划分,对于煤层局部范围内瓦斯分布差异性的划分效果有待进一步提高,尤其是尚缺乏可精细划分采煤工作面范围内瓦斯突出危险程度差异性的方法;此外,瓦斯地质区划方法很少关注开采过程中煤层瓦斯突出危险程度动态变化特点,对煤层小构造及其附加应力场等局部瓦斯地质条件异常也缺少精细化的预测方法。

1.3　主要研究内容

本书总结了瓦斯地质分析方法的研究成果,着重揭示了采煤工作面瓦斯地质条件时空四维动态变化的特点,提出了采煤工作面瓦斯地质分析和预测方法,包括煤层瓦斯地质条件精细化勘查方法研究和煤层四维瓦斯地质分析方法研究两方面的内容。

1.3.1　煤层瓦斯地质条件精细化勘查方法研究

(1) 小构造探测与预测方法研究

根据采煤工作面瓦斯抽采工程布置特点,研究利用瓦斯抽采工程有效判识小型隐伏地质构造的技术途径,提出基于煤层瓦斯抽采工程的瓦斯地质异常探测和预测方法。

(2) 现代构造应力场最大主应力方向预测方法研究

采用构造地质分析与井下应力填图相结合的方法,以简易、经济且有效的技术途径,分析井田现代构造应力场特征,确定现代构造应力场最大主应力方向及其对煤层瓦斯渗流场的影响,为煤层瓦斯抽采工程优化设计提供现代构造应力场最大主应力方向等重要参数。

(3) 煤层宏观裂隙观测与分析方法研究

借助井下平面摄影技术和数字图像计算机自动判识技术,开展井下煤壁宏观裂隙观测、图像识别、统计分析等技术方法研究,探索建立实用有效的煤层宏观裂隙优势发育方位定量预测方法,揭示煤层宏观裂隙特征及其对煤层瓦斯渗流场的影响,预测煤层瓦斯优势渗流方向,为煤层瓦斯抽采工程优化设计提供重要参数。

1.3.2　采煤工作面四维瓦斯地质分析方法研究

在区域和局部构造应力场分析和采煤工作面小构造探测的基础上,研究构造应力场和采动影响下的隐伏小构造等地质异常区瓦斯突出危险性动态变化特征,提出小构造附近瓦斯突出危险性动态分析流程和预测方法,提高采煤工作面开采前和开采过程中瓦斯突出危险性预测精度。

此外,基于瓦斯浓度监测数据动态变化特征及其影响因素分析,开展采煤工作面瓦斯涌出量分源计算方法研究,揭示采煤工作面生产因素与瓦斯浓度的叠加耦合关系,提高采煤工作面现场安全生产工作精细化管理水平。

2　地质构造与瓦斯灾害

地质构造对煤层瓦斯赋存,特别是煤层瓦斯的富集区和瓦斯突出带的分布,具有重要的控制作用,表现为区域地质构造控制着煤层瓦斯含量的区域性分布特征,中小构造控制着煤层局部瓦斯含量异常及瓦斯突出带的分布,具有逐级控制的特点。本章系统总结了断裂构造、褶曲构造以及煤厚异变的致灾作用,着重探讨其在导致煤层瓦斯赋存异常和瓦斯突出灾害方面的作用。

2.1　断层构造的致灾作用

沿破裂面发生明显位移的断裂称为断层。断层是地应力使煤(岩)层发生了脆性变形的一种表现,可分为正断层、逆断层和平移断层。断层的力学性质可以分为张性、压性、扭性、压扭和张扭形式。不同类型和不同力学性质的断层对煤层瓦斯的储存、排放和瓦斯突出灾害的分布有不同的控制作用。

2.1.1　断层对瓦斯赋存的影响

断层破坏了煤层的连续完整性,使煤层瓦斯储存和排放条件发生了变化。有的断层有利于瓦斯的排放,有的断层对瓦斯排放起到阻挡作用,成为瓦斯逸散的屏障,前者称为开放性断层,后者称为封闭性断层。对于断层而言,开放性断层有利于煤层瓦斯逸散,封闭性断层则阻碍瓦斯的排放。断层的封闭或开放取决于断层的力学性质、断层与地面或冲积层的连通程度、断盘煤层与对盘直接接触岩层的透气性、断层带的透气性等。

（1）力学性质

一般张性或张扭性正断层属于开放型,而压性或压扭性逆断层封闭条件较好,属于封闭型。需要注意的是,断层上盘相对上升的逆断层或逆平移断层一般具有压或压扭性力学性质,在其附近可能形成不渗透断裂带[78]。然而,由于我国大多数煤系地层经历过多次构造运动,煤层中发育的断层发生过力学性质的转化,断层两盘也出现过不同形式的相对运动[97],在高瓦斯突出矿井也常常可以发现正断式的压性和压扭性断层或落差较小的不渗透断裂,都可能引起瓦斯突出灾害事故。因此,必须紧密结合现场实际条件,进行全面分析以确定断层的开闭特性。

（2）连通程度

与地面或冲积层连通的断层,为煤层瓦斯向地表扩散提供了有利的运移通道,因而规模较大且与地表或松散冲积层连通程度高的断层,一般多为开放性断层。

（3）围岩性质

断层将煤层断开后,断盘煤层与断层另一盘接触的岩层性质,也会影响断盘煤层瓦斯的运移。若断盘煤层与对盘直接接触岩层的透气性较好,则有利于煤层瓦斯的排放,进而使断层附近的煤层瓦斯相对减少;反之,若断盘煤层与对盘接触岩层的透气性较差,断层附近的煤层瓦斯则会积聚,煤层瓦斯含量和瓦斯压力都可能相对增加。因而,不同落差的断层,使断盘煤层与对盘透气性不同的岩层接触,导致了断盘煤层的封闭性或开放性特征,甚至在同一条断层的不同部位,断盘煤层瓦斯的富集程度也可能存在很大差异。

（4）破碎带特征

断层破碎带的填充和开闭程度,直接影响断层的导气性,也决定了断层的封闭或开放程度。如果断裂活动产生的构造煤等大量低透气性物质紧密填充于断层破碎带之中,断层可能表现为不导气的封闭型;相反,断层破碎带填充程度较低,则为断盘煤层瓦斯的释放和运移提供了空间和通道,断层可能具有导气性良好的开放型特征。

（5）产状

断层的产状及其与煤层产状之间的关系,对煤层瓦斯的运移有较大影响。一般来说,走向断层阻碍或增强了瓦斯沿煤层倾斜方向的逸散,而倾向和斜交断层则把煤层切割成互不联系的块体,影响了瓦斯沿煤层走向的运移。导气性不同的断层,形成了各断块的构造边界条件,决定了各断块煤层瓦斯存储和排放程度[8]。此外,断层和断盘煤层倾角对煤层瓦斯赋存也有一定影响,倾角大比倾角小更有利于瓦斯的排放。若其他条件相同情况下,缓倾斜煤层要比急倾斜煤层瓦斯含量高,大倾角断层的导气作用通常好于小倾角断层的导气作用。

2.1.2 断层对瓦斯突出的影响

断层的发育规模、开闭程度和组合类型是进行煤与瓦斯突出危险区划分和危险性预测的重要依据。

（1）大中型断层

大中型断层常常是井田瓦斯突出危险性分区的自然边界。边界断层的开放性与封闭性常常导致其影响范围内煤层瓦斯储存和排放程度存在明显差异。按照边界断层的封闭或开放性,能够划分出煤层高瓦斯区和低瓦斯区,进而根据煤与瓦斯突出和地质构造的相关关系,划分出煤与瓦斯突出危险带和危险点。

（2）小断层

煤层的应力分布具有不均衡性,小断层的发育及其导致的附加应力场,往往在小断层发育带产生应力集中,且使煤层遭受严重破坏,形成构造煤。因而,煤层瓦斯突出危险区内的小断层发育带,是煤与瓦斯突出危险程度最大的地带。

（3）组合类型

断层的组合类型不同,被断层切割煤的瓦斯突出危险性可能存在较大差异。同一挤压应力作用下产生的压性(或压扭性)断层的平行排列,在剖面上常常呈现叠瓦状构造,断层所夹的块段常常是瓦斯突出危险带;在拉张应力作用下产生的张性(或张扭性)断层平行排列,由两条倾向相反的正断层组成了地堑式或地垒式构造,煤层埋深相对增大的块段往往具有较高的瓦斯突出危险性。

2.2 褶曲构造的致灾作用

在煤矿生产实践中发现,褶曲轴部及其附近,煤层瓦斯含量与瓦斯涌出量常常出现异常。特别是当地层为褶曲时,煤层在挤压剪切作用力下会发生塑性流变,使煤层原生结构遭受破坏，出现增厚或变薄现象，形成构造煤，为瓦斯突出灾害的发生创造了条件。

2.2.1 褶曲构造对瓦斯赋存的影响

在发生褶曲的煤系地层中，根据煤层与褶曲中和面的相对位置关系，可以将褶曲控制煤层瓦斯赋存的基本类型划分为背斜上层逸散型、背斜下层聚集型、向斜上层聚集型和向斜下层逸散型四种[98]。

（1）向斜上层聚集型

向斜上层聚集型是指位于向斜中和面以上的褶曲煤层。它的特点是煤层及其顶底板所处应力场以压应力为主导，煤层被挤压，由褶曲两翼向轴部滑动或流变，发生厚度异变，煤层揉皱或破碎，瓦斯大量解吸。尽管有可能产生密集发育的断裂构造，但由于断裂面处于挤压状态，具有很好的封闭性，煤层的渗透率相对较低[99]。故向斜轴部煤层瓦斯富集，瓦斯含量较高，易发生煤与瓦斯突出事故。

（2）向斜下层逸散型

向斜下层逸散型是指位于向斜中和面以下的褶曲煤层。它的特点是局部应力场以张应力为主导，煤层及其围岩处于引张拉伸状态，张性断裂发育，煤层渗透率增高，煤层瓦斯由向斜轴部向翼部逸散，故向斜轴部的煤层瓦斯含量相对减少，煤层本身发生瓦斯突出的危险性降低[100]。但是，在煤层顶板为低渗透岩层条件下，向斜下层逸散型煤层及其底板岩层中也可能有高压瓦斯富集。

（3）背斜上层逸散型

背斜上层散逸型是指位于背斜中和面以上的褶曲煤层。它的特点是中和面以上煤层受拉伸张力作用，尤其是背斜轴部引张力较大，致使脆性岩层发育张性裂面或断层，使煤层及岩层透气性增高，提供了瓦斯运移的通道。另外，由于煤层的塑性特点，常常发生塑性流变，并伴随着沿层理的滑动，使得煤层遭受揉皱或破碎，煤层瓦斯由吸附状态大量解吸为游离状态。此时，煤储层处于拉张状态，渗透率增高，而且由于中和面以下存在挤压作用力，对煤层瓦斯下移也起到了阻挡作用，在此种情况下，背斜轴部没有瓦斯富集的构造封闭环境，因而瓦斯含量通常较低，在煤矿生产过程中发生突出的危险性降低。

如四川南桐煤矿二井，在开采乌龟山复背斜轴部及近轴部地带的煤层时，在标高 200 m 以上区域均未发生突出，当属此类型。

（4）背斜下层聚集型

背斜下层聚集型是指位于背斜中和面以下的褶曲煤层。它的特点是煤层在挤压力作用下从翼部向轴部流变增厚或产生层间滑动和顺层断层，使煤层揉皱或破碎，吸附状态的瓦斯倾向于解吸为游离状态。当中和面之上张性裂面组成的非封闭构造并未影响煤层时，这时背斜轴部将处于一种高度挤压和瓦斯富集的构造封闭环境，在这种挤压作用下，煤储层的渗透率也相对较小，煤层瓦斯含量往往较高，煤矿生产中易发生煤与瓦斯突出事故。

在实际生产中，有时发现同一煤层在向斜轴部瓦斯含量较低，而在背斜轴部瓦斯含量较高，表现出随着煤层埋深的增加，煤层瓦斯含量相对降低的异常现象。实际上，这和煤层处于煤系地层褶曲中和面的位置有一定的关联。假如煤层处于褶曲中和面下层，那么对背斜来说煤层处于挤压状态，有利于瓦斯的存储，而对向斜构造来说煤层处于拉张状态，有利于瓦斯的释放；煤层位于中和面以上，向斜轴部处瓦斯含量相对高，背斜轴部处瓦斯含量相对低。

例如,陕西韩城矿区桑树坪井田、下峪口井田在开采 3 号煤层过程中,位于背斜附近煤层平均瓦斯含量分别为 5.51 m³/t、7.31 m³/t,向斜附近煤层平均瓦斯含量分别为 8.52 m³/t、12.65 m³/t,两矿井均出现背斜轴部瓦斯含量较低、向斜轴部瓦斯含量较高的现象。在开采 11 号煤层过程中,则又出现了背斜轴部瓦斯含量高、向斜轴部瓦斯含量低的现象;在背斜轴部平均瓦斯含量分别为 9.87 m³/t、10.65 m³/t,而向斜轴部平均瓦斯含量分别为 6.07 m³/t、7.18 m³/t。这种褶曲构造瓦斯含量出现突变的原因与褶曲中和面效应影响有关,3 号煤层位于褶曲构造中和面以上,向斜构造的轴部煤(岩)层被强烈挤压,煤体揉皱破碎,孔隙率及表面积急剧增大,吸附能力增强,尽管煤(岩)层中也产生断裂,但挤压应力状态下均处于封闭状态,对瓦斯起着良好的存储作用,造成瓦斯富集、含量增高;背斜轴部煤层处于拉张、伸展状态,张裂隙及小型正断层比较发育,使得煤层及顶底板透气性增高,不利于煤层瓦斯存储,造成瓦斯含量较低[101]。而 11 号煤层位于褶曲中和面以下,向斜部位受到拉张,形成张性断裂构造,为瓦斯运移提供了通道,使煤层瓦斯含量降低;背斜处于挤压状态,有利于瓦斯存储,所产生的断裂构造也处于挤压封闭状态,有利于瓦斯的封存,使煤层瓦斯含量增加。

可见,因煤层相对褶曲中和面所处的位置不同,褶曲构造对煤层瓦斯赋存的影响作用也不同。除此之外,煤层瓦斯的赋存状态还和煤层顶底板岩性等因素有关,同等褶曲构造的条件下,煤层顶底板具有良好的封闭性时,有利于瓦斯的封存,煤层瓦斯含量相对较高;反之,煤层顶底板透气性较好时,有利于瓦斯释放,煤层瓦斯含量相对较低。在实际工作中,要针对特定矿山的实际瓦斯地质条件,综合考虑各种因素对煤层瓦斯赋存的影响,才能对煤层瓦斯赋存规律做出正确的认识。

2.2.2 褶曲构造对瓦斯突出的影响

煤矿生产实践表明,煤层褶曲的发育程度、形态特征以及构造部位不同,发生煤与瓦斯突出的危险性有很大差异。

(1) 煤层紧闭褶曲比宽缓褶曲的突出危险程度大

广东煤田二矿北三和南二采区虽然位于两条逆断层所夹的同一条断带内,但可以划分出两个截然不同的瓦斯突出带。北三采区瓦斯突出带的两条边界断层间距较小、褶曲紧闭、构造复杂,该区为严重瓦斯突出危险带。南二采区两条边界断层间距增大、褶曲宽缓、构造相对简单,瓦斯突出次数少、强度小[102]。

(2) 煤层褶曲强烈地带比轻微地带的突出危险程度大

萍乡青山矿大槽煤瓦斯突出带分布在褶曲强烈的东翼。西翼因褶曲轻微,并发育一组张性断裂,尚未发生过瓦斯突出[102]。

(3) 煤层突出危险程度与不协调褶曲的发育程度有关

发育多个煤层的井田,各煤层褶曲的发育程度往往并不协调一致,各煤层瓦斯突出危险程度受控于不协调褶曲的发育程度。湖南金竹山煤矿一平硐可采和局部可采的各个煤层中,靠近上部的二、三、四煤层褶曲轻微发育,属于非瓦斯突出煤层,五煤层及以下各煤层褶曲发育强烈,煤层沿一个层面滑脱,瓦斯突出也主要发生在五煤层[102]。

(4) 瓦斯突出危险程度与煤层层间滑动或层间褶曲的发育程度有关

一般来说,软硬相间的岩层往往会发生层间滑动,并导致软弱的岩层产生层间褶曲。中厚及厚煤层的不同自然分层或煤层与围岩相比较,它们的岩石力学性质有时差异较大,致使煤层的不同自然分层或煤层与围岩之间产生明显的构造不协调现象。层间牵引褶曲本身规模很小，但常常连串出现，因而有广泛的分布。有时煤层作为整体并没有褶曲，但由于顶板或底板局部发生褶曲，影响并改造了煤层，形成了不同自然分层煤体结构破坏程度的差异。这种特征也是划分瓦斯突出带的重要地质依据。

（5）在褶曲的核部或断层牵引褶曲部位瓦斯突出危险性大

煤层在褶曲核部加厚而在翼部变薄是褶曲引起煤厚异变的常见现象，以致褶曲核部的煤层瓦斯突出危险性一般都较大。例如，鹤壁六矿的两个瓦斯突出带都出现在向斜核部附近，其他部位没有出现过。

2.3　煤厚异变的致灾作用

构造成因的煤层异变增厚或变薄地段，由于强烈的地质构造作用，往往导致构造煤发育，也为瓦斯富集提供了有利场所，增加了瓦斯突出发生的可能性。

2.3.1　煤厚异变对瓦斯赋存的影响

煤层厚度越大，生成的瓦斯量越多，同时厚煤层增加了瓦斯逸散的阻力，导致煤厚异变带赋存大量瓦斯。在构造应力的作用下，煤层厚度的变化通常是煤层发生流变的结果，一方面可以形成吸附瓦斯能力更强的构造煤，另一方面可以对瓦斯的储存造成一系列的封闭条件，在一定程度上造成了瓦斯的相对富集。同时煤层厚度变化越大，瓦斯分布的不均衡性就越明显，煤厚变化梯度在一定程度上也反映了煤层瓦斯含量的变化梯度。

2.3.2　煤厚异变对瓦斯突出的影响

大量实际资料表明，瓦斯突出常常发生在煤层厚度变化的部位。瓦斯突出危险程度与煤层厚度变化的关系有以下表现形式。

① 煤层厚度较稳定的多煤层矿井，各煤层的瓦斯突出危险程度取决于煤层厚度，煤层厚度大，瓦斯突出危险程度加大。

例如，江西乐平永山矿可采和局部可采的煤层都发生过瓦斯突出，其中四、六煤层厚度大，瓦斯突出强度也大[102]。

② 多煤层矿井不同煤层比较，煤厚变化大的煤层比相对稳定的煤层瓦斯突出危险性大。

例如，萍乡青山矿的大槽、硬子槽煤层厚度变化大，突出危险性也大；而管子槽煤层厚度变化小，瓦斯突出危险性也小[102]。

③ 对同一煤层来说，煤层厚度变化大的块段比变化小的块段瓦斯突出危险性大。

例如，江西新华煤矿一井和二井比较，一井煤层厚度变化大，瓦斯突出危险大，二井煤层厚度变化小，与同标高一井煤层相比，突出危险程度小；焦作中马村一三、一七采区相比较，一七煤层厚度变化大，瓦斯突出危险程度高；江西英岑岭煤矿建山井和东村井相比较，建山井煤层厚度变化大，瓦斯突出就严重，东村井煤层厚度变化小，瓦斯突出危险程度轻微[102]。

④ 煤厚变化大的矿井中，凸镜状的煤包和被薄煤带包围的厚煤地段瓦斯突出危险性大。

例如，湖南红卫煤矿里王庙井主井底车场特大型突出点，梅田二矿北三采区的 16 号强度为 650 t 的瓦斯突出点，都是在凸镜状的煤包内发生的。焦作小马村矿二水平东部和田门井二水平西部，瓦斯突出点都集中在被薄煤带包围的厚煤带内。

3　地质构造与瓦斯地质区块分级区划

这里所谓的瓦斯地质区块与瓦斯地质单元有所不同。划分瓦斯地质区块是为了满足煤层瓦斯区域治理工程优化设计的需要,依据矿井在开拓阶段、准备阶段和回采阶段对瓦斯治理工程精细化要求程度的差异,结合不同级别的地质构造对瓦斯赋存逐级控制规律,对煤层进行瓦斯地质区块的分级划分。

3.1　瓦斯地质区块分级区划的意义

瓦斯地质区块区划,实际上就是在充分分析煤层地质构造、瓦斯赋存、构造煤分布等具体条件的基础上,找出它们的时空分布特征和相互关系,按照一定的定量指标组合,划分出不同级别的区域或地段,从而对煤矿瓦斯治理实施分级管理和区别对待提供依据。同一瓦斯地质区块的煤层应具有相似的瓦斯赋存特征或瓦斯突出危险性,根据实际应用目的,可以划分出指导瓦斯突出预测的瓦斯地质区块(或称瓦斯地质单元)[84,102]、应用于瓦斯涌出量预测的瓦斯地质区块、应用于瓦斯抽采(煤层气开发)的瓦斯地质区块、应用于瓦斯参数测试的瓦斯地质区块。只有在科学划分瓦斯地质区块的基础上,瓦斯地质理论研究成果的现场预见性和指导性才能充分体现,瓦斯预测和瓦斯治理工作才能做到有的放矢。

不同矿井,瓦斯地质条件存在很大差异,甚至同一煤层中的不同构造部位,煤与瓦斯突出危险程度也有很大不同[102],这与其受控于地质构造有密切关系。地质构造控制着瓦斯的赋存和瓦斯灾害的分布,并具有逐级控制的特点[103]。不同期次、不同序次、不同规模、不同性质和不同组合类型的构造对煤层瓦斯赋存具有不同的控制效应。一般来说,大型构造的附加应力场和变形场对其伴生和派生的次级和中型构造具有控制作用,中型构造进一步控制了更次一级的小型构造,地质构造对瓦斯赋存的逐级控制特征是不同级别构造之间逐级控制关系的反映。具体表现为:在煤变质程度等其他影响因素相同的情况下,大型地质构造(矿区构造)常常在较大区域范围内形成了有利于或不利于瓦斯赋存的条件,导致了煤层瓦斯区域性分布的不均衡;中型构造(矿井构造)常常导致煤层瓦斯的带状不均衡分布;小型构造(采区或工作面构造)常常是煤层瓦斯局部异常的主控因素,其附近往往成为瓦斯灾害易发地点。

瓦斯地质区块分级区划的技术途径,就是根据地质构造对煤层瓦斯赋存逐级控制的特点,通过对地质构造及其组合关系的分析,从区域构造、矿区构造和采区构造,再到工作面构造,确定不同规模的地质构造对瓦斯赋存的影响范围,实现瓦斯地质区块分级区划,并逐级圈定煤与瓦斯突出危险区块。

3.2 煤矿瓦斯地质区块分级区划

瓦斯地质区块分级区划主要依据地质构造的发育特征进行的,所以地质构造的探明程度是瓦斯地质区块分级区划的工作基础。先期的煤田地质勘探和建井补充地质勘探工作,基本探明了井田较大规模的地质构造,在后续的井田开拓、采区准备和工作面回采阶段,实施了大量巷道工程和瓦斯治理工程,不同级别的地质构造得以进一步揭露。因而,可以通过综合利用矿井、采区、工作面地质构造勘查成果,研究瓦斯赋存和灾害分布与不同级别地质构造的相关关系,揭示不同级别的地质构造对煤层瓦斯赋存的控制范围和控制特征。事实上,在矿井、采区或工作面范围内,煤层瓦斯赋存的主控地质构造可能并不相同。煤层瓦斯治理工作也需要在不同级别的瓦斯地质区块划分的基础上,有针对性地开展优化设计和施工。

本书从服务于瓦斯抽采工程优化设计的目的出发,在矿井开拓、采区准备与工作面回采三个不同生产阶段,针对井田瓦斯治理工程总体规划、采区瓦斯区域治理措施规划和施工以及工作面防突设计和施工,提出煤矿瓦斯地质区块分级区划思想。在矿井开拓阶段划分出矿井(一级)瓦斯地质区块,在采区准备阶段划分出采区(二级)瓦斯地质区块,在工作面回采阶段划分出工作面(三级)瓦斯地质区块,为矿井区域和局部(工作面)瓦斯治理工程优化设计和施工提供瓦斯地质依据。

3.2.1 矿井(一级)瓦斯地质区块的划分

划分矿井(一级)瓦斯地质区块的目的是为矿井煤层瓦斯治理总体规划设计提供瓦斯地质依据,主要是根据影响煤层瓦斯赋存的地质因素和煤层瓦斯差异性分布特征,区划出矿井级别的瓦斯地质区块。由于较大规模的褶曲和断裂构造是矿井煤层瓦斯差异性分布的直接或间接的主控构造,所以划分矿井瓦斯地质(一级)区块的主要地质因素,往往是矿井规模的背斜或向斜、矿井边界断层和影响采区划分的较大断层等。划分矿井(一级)瓦斯地质区块的具体工作,包括基础资料收集、瓦斯地质关联分析、区块边界的确定和划分等。

(1)基础资料收集

为了划分矿井(一级)瓦斯地质区块,通常需要收集和整理矿井建井以来的地质与瓦斯资料,其中,地质资料包括现代应力场测试数据、区域和井田地质构造分布特征、含煤岩系特征、煤层和煤厚及其变化特征、煤层围岩性质、地层产状及变化特征、煤质和煤体结构特征等;瓦斯资料包括实测煤层瓦斯含量及压力数据、矿井瓦斯涌出量数据以及矿井历年瓦斯突出、喷出和异常涌出等相关资料。

(2)瓦斯地质关联分析

通过区域地质分析,结合对已有资料的定性或定量分析,初步确定矿井范围内影响煤层瓦斯赋存和煤与瓦斯突出的主要地质因素。通常情况下,控制矿井煤层瓦斯赋存的主导地质因素主要是煤层埋藏深度、区域及矿井地质构造、煤层顶底板岩性和煤厚变化等。其中,煤层埋藏深度变化和区域及矿井地质构造特征决定了煤层瓦斯分布的总体趋势和一般规律;煤层顶底板岩性和煤厚变化特征则可能是井田范围内煤层瓦斯差异分布的影响因素。进行瓦斯赋存(煤与瓦斯突出)与主控地质因素之间的关联分析,一般可采取定性与定量相结合的分析手段,其中最常用的方法是统计分析,包括相关分析和回归分析等。在开始选择变量时,应尽可能多取,以免漏掉有用的信息,然后利用数学方法进行挑选,逐一考察各项地质因素,建立瓦斯和地质指标间的相关性[102]。

（3）区块划分及区块边界的确定

对于瓦斯分布具有显著差异的矿井,可以首先以瓦斯参数作为初步分区标志,再逐步考察不同区域内的地质因素;对于地质因素差异明显的矿井,则可首先以地质因素作为初步分区标志,再考察该地质因素是否引起了煤层瓦斯的差异性分布。特别要注意总结对瓦斯赋存和瓦斯突出具有主要控制作用的地质构造特征信息,包括构造类型、组合型式、构造煤的分布等。不同的矿井(一级)瓦斯地质区块应表现出瓦斯分布上的差异性,具有明显的分区标志,通常以较大规模的背斜或向斜轴、井田边界断层或影响采区划分的较大断层等作为划分矿井(一级)瓦斯地质区块的边界。

例如,某矿为瓦斯突出矿井,主采二₁煤层,通过对开采以来积累的瓦斯地质资料分析可知,煤层埋深和断层构造是控制该矿瓦斯赋存的主要地质因素。其中,埋深决定了二₁煤层瓦斯含量沿煤层倾向分布的总体趋势:随煤层埋深增加而增大,呈现出"井田西部区域煤层瓦斯含量较高,而东部区域煤层瓦斯含量较低"的特点。断层构造则决定了瓦斯含量沿煤层走向的差异分布:界碑断层、团相断层和古汉山断层将矿井主采二₁煤层分成了Ⅰ、Ⅱ、Ⅲ三个矿井(一级)瓦斯地质区块(图 3-1)。各瓦斯地质(一级)区块具有不同的煤层瓦斯含量梯度:第Ⅰ区块为 5.09 m³/(t/100 m),第Ⅱ区块为 1.34 m³/(t/100 m),第Ⅲ区块为 2.28 m³/(t/100 m)。

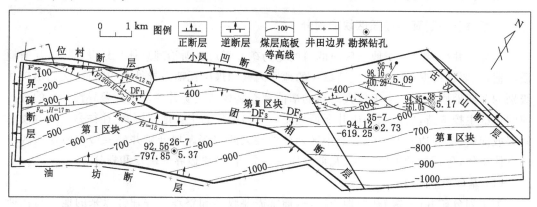

图 3-1 矿井(一级)瓦斯地质区块划分

3.2.2 采区(二级)瓦斯地质区块的划分

在矿井(一级)瓦斯地质区块划分的基础上,进一步划分采区(二级)瓦斯地质区块。主要依据影响采区煤层瓦斯赋存的地质因素,特别是采区规模的中小型构造来进行采区(二级)瓦斯地质区块的划分,其目的是为采区防突设计提供瓦斯地质依据。可按照以下流程开展采区(二级)瓦斯地质区块的划分。

（1）收集和整理已有地质和瓦斯资料

重点收集采区开拓和准备期间,新揭露的瓦斯地质资料,其中,地质资料包括有关煤层围岩特性、地质构造特征、煤层厚度及变化特征、煤岩产状及其变化特征、煤体结构特征等方面的新资料;瓦斯资料包括煤层瓦斯含量和瓦斯压力测试的新数据、煤巷掘进瓦斯涌出量观测数据以及瓦斯突出、喷出或异常涌出点资料(突出点编号、坐标、类型、强度、瓦斯量、各点形态和地质特征、直接和间接致因分析等)。

就采区范围内瓦斯差异分布的影响因素而言,煤层及其围岩特性往往不会有太大变化,而中小型地质构造等因素则是应当需要着重考虑的。同时,在采区准备巷道的掘进过程中新测试的瓦斯参数和巷道地质编录等现场资料,均应加以高度重视。

(2) 瓦斯地质关联分析

在矿井(一级)瓦斯地质区块和采区准备阶段新揭露资料的基础上,定性或定量分析与瓦斯赋存和突出有关的各种地质因素,进一步确定瓦斯因素和地质因素之间的相关关系。

在考察瓦斯因素与地质因素相关性过程中,应注意结合其所处的矿井瓦斯地质单元来分析,着重分析新揭露的瓦斯地质信息对矿井瓦斯地质规律的印证或补充,不断提高对瓦斯地质规律的认识水平。在这个阶段,施工了许多新的矿井开拓巷道和采区准备巷道,应充分利用新掘进巷道为瓦斯地质观测提供的便利条件,开展瓦斯地质参数现场测试。特别是在开拓和准备巷道的掘进过程中,可能揭露了新的中小型构造,必须对其瓦斯地质特征进行详细的观测和分析。也可以采取定性与定量相结合的分析手段,充分利用矿井地质编录资料,通过统计分析的方法(如数据挖掘、回归分析、因子分析和相关分析等)建立地质因素与瓦斯因素之间的联系。根据瓦斯赋存(突出)与地质因素的关联分析结果,总结对瓦斯赋存和瓦斯突出具有主要控制作用的地质构造特征,包括构造及其组合类型对构造煤发育和分布的影响、构造影响带及其导致的煤层瓦斯含量和瓦斯压力变化特征等。

(3) 划分采区(二级)瓦斯地质区块

根据控制瓦斯赋存或瓦斯突出的瓦斯地质条件,特别是新揭露的采区级别的构造及其组合类型,一般采用以地质因素为主、瓦斯因素为辅的原则,划分采区(二级)瓦斯地质区块。同一采区(二级)瓦斯地质区块应具有统一的煤层瓦斯分布规律,不同的采区(二级)瓦斯地质区块应具有瓦斯分布的差异性和明显的分区标志。采区范围内发育的中小型地质构造及其组合类型、煤厚及其变化特征、构造煤的发育和分布特征,以及最新观测的瓦斯参数等,常常会成为采区(二级)瓦斯地质区块的分区标志。

下面以某矿二$_2$煤层 22 采区和 24 采区为例,来说明采区(二级)瓦斯地质区块的划分方法。

根据 22 采区和 24 采区高精度三维地震勘探资料,结合邻近采区已揭露瓦斯地质信息,发现采区断层构造及其组合形式是导致采区瓦斯赋存差异的主要地质因素,其中以断距 $H \geqslant 50$ m 的孟庙断层、陈楼断层、侯寺断层、XF6 断层为采区一级构造;断距在 50 m$> H \geqslant 20$ m 的 XF252、XF1、XF2、XF51 断层为采区二级构造;断距在 20 m$> H \geqslant 10$ m 的 XF39、XF10 以及 $H < 10$ m 的 XF48、XF3 等一些小断层为三级构造。一级构造使得断层的下盘直接和顶板的砂岩直接接触,为瓦斯的运移产生了有利通道,从而影响了 22 采区和 24 采区整体瓦斯分布情况。二级构造使得断层的下盘直接与顶板的中粒砂岩接触,为瓦斯的间接运移提供了便利条件,并且 XF252 断层在构造上直接连通侯寺断层和孟庙断层,从而为采区深部的瓦斯向采区运移提供了通道。二级以下构造的断层均匀地分布在 22 采区和 24 采区内部,其形成的地垒组合使煤层瓦斯含量降低,而地堑和阶梯状断层组合形式又往往使同埋深条件下的煤层瓦斯含量相对偏高。

根据 22 采区和 24 采区的构造分级划分结果,以及各级构造对瓦斯赋存的影响,在一级构造的控制下,划分了 7 个瓦斯地质区块(Ⅰ、Ⅱ、Ⅲ、Ⅳ、Ⅴ、Ⅵ、Ⅶ),在二级构造 XF252 断层影响下,又在Ⅱ区块内划分出 2 个次级瓦斯地质区块(Ⅱ$_1$、Ⅱ$_2$)。其中,Ⅰ、Ⅱ$_1$、Ⅱ$_2$、Ⅲ、Ⅳ区块内,断层之间的组合形式主要是地堑或阶梯式,使得区域内的瓦斯含量局部增加;在Ⅴ和Ⅶ区块内,尽管两个区块均有向斜构造发育,因前者断层组合以地垒形式居多,后者断层组合多以地堑形式出现,所以,区块Ⅶ较区块Ⅴ的煤层瓦斯含量偏高;在Ⅵ区块内,岩浆侵入活动对煤层的破坏代替断层及其组合形式,成为煤层瓦斯赋存的主控因素,该区块西南部由于岩浆岩的侵入,使得二$_2$煤层直接变为天然焦(图 3-2)。

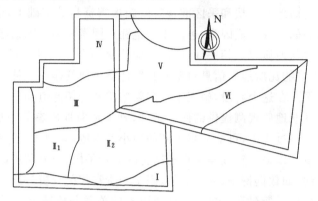

图 3-2   某矿采区瓦斯地质区块划分结果

3.2.3   工作面(三级)瓦斯地质区块的划分

工作面(三级)瓦斯地质区块的划分,主要是在采区(二级)瓦斯地质区块划分的基础上,为了进一步提高工作面瓦斯突出危险性预测精度,改善工作面煤层瓦斯抽采效率而开展的瓦斯地质工作。随着采掘进程需要进一步获取新揭露的瓦斯地质资料,尤其是要做好小构造和构造煤厚度及其变化特征的观测,编制煤巷和剖面的瓦斯涌出量随不同地质因素的变化曲线图和煤与瓦斯突出预测指标值变化图,在进一步对这些图件和资料汇总和分析的基础上,进行工作面(三级)瓦斯地质区块的划分。

(1)收集新的瓦斯地质资料

在已有资料的基础上,注意收集回采阶段新揭露的瓦斯地质资料。其中,地质资料包括煤层围岩岩性及特征、地质构造特征、煤层厚度及变化特征、煤岩产状及变化特征、煤体结构及其变化特征等。可以伴随着生产巷道的掘进过程,结合井下地质编录和地质超前勘查,开展现代地应力痕迹填图、煤层宏观裂隙观测和地质构造发育规律研究,特别是要对地质异常条带和构造煤发育特征进行详细观测。瓦斯资料包括煤层瓦斯含量、瓦斯压力、瓦斯涌出量等观测数据。特别注意收集日常观测的煤与瓦斯突出危险性预测资料(如钻屑瓦斯解吸指标 Δh_2、钻孔瓦斯涌出初速度 q 和最大钻屑量 S_{max} 等),还可以在工作面的准备和回采过程中,在适当位置选定穿层瓦斯抽采钻孔作为瓦斯参数的固定观测点,连续记录和统计不同位置和不同方向瓦斯抽采钻孔的煤层瓦斯压力、瓦斯浓度和瓦斯抽采量,同时采集工作面瓦斯涌出量和风流瓦斯浓度等自动监测数据。

(2)瓦斯地质关联分析

根据工作面新揭露的瓦斯资料(例如瓦斯突出参数、瓦斯抽采浓度、瓦斯涌出量等)以及工作面地质条件和生产条件,采取定性与定量相结合的分析方法(如数据挖掘、回归分析、因子分析等),研究工作面采掘过程中瓦斯参数的变化与地质条件的相关性,特别要注意总结对瓦斯赋存和瓦斯突出具有主要控制作用的地质构造特征,包括构造性质、构造组合类型、构造煤发育程度等,进一步揭示工作面范围内瓦斯赋存规律。

(3) 划分工作面(三级)瓦斯地质区块

一般采用以地质因素为主和瓦斯因素为辅的划分思路。在工作面范围内,以中小型地质构造及其组合形式对煤层瓦斯赋存和瓦斯突出的控制特征,划分工作面(三级)瓦斯地质区块。同一瓦斯地质区块应具有统一的瓦斯分布规律,不同区块能够明显体现煤层瓦斯分布的差异性,具有明显的分区标志。

例如,某矿采煤工作面在掘进进风巷、回风巷期间,每日对煤层瓦斯放散初速度 q、煤层厚度以及地质构造进行了跟踪观测。在进风巷和回风巷揭露了断距为 0.2 m 和 0.8 m 的小断层,而且在断层附近钻孔瓦斯涌出初速度 q 从 6 L/min 增大到 10 L/min 左右,最大达到 12 L/min,煤与瓦斯突出危险性明显增大。同时,结合煤层厚度的地质编录结果发现,在接近开切眼位置 150 m 范围内煤层厚度减小,平均由 1.2 m 变化到 0.8 m。依据工作面揭露的地质资料,两个小断层附近煤与瓦斯突出危险程度具有相似性,而且在这一区域,煤层厚度和钻孔瓦斯涌出初速度 q 的变化也具有一致性,其对应范围为距离开切眼 0～150 m,可以划分为同一瓦斯地质区块。因此,综合地质观测、煤厚以及瓦斯参数测试结果,将工作面划分为两个瓦斯地质区块,0～150 m 范围划分为第 I 瓦斯地质区块,150 m 以外为第 II 瓦斯地质区块。两个区块的地质构造复杂程度存明显在差异,第 I 瓦斯地质区块内煤与瓦斯突出危险程度较高,是煤与瓦斯突出防治措施实施和效果检验的重点区域(图 3-3)。

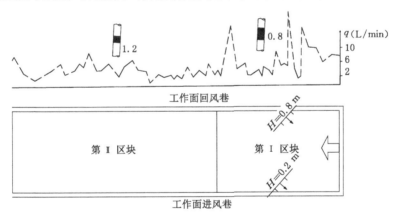

图 3-3　采煤工作面瓦斯地质区块的划分

4　基于抽采钻孔的隐伏构造勘查方法

根据我国煤层瓦斯抽采工程的特点,建立了利用瓦斯抽采钻孔开展煤层隐伏构造的勘查方法。该方法对于打破我国煤矿地质勘查工程不足的技术瓶颈,进一步提高煤矿瓦斯防治工作效果具有重要的现实意义。

4.1　基于瓦斯抽采钻孔进行地质勘查的可行性

按照我国煤炭行业防治瓦斯的相关规定[5],高瓦斯和突出矿井必须实施相应的瓦斯抽采工程,以降低或开发利用煤层瓦斯。大量的瓦斯抽采和检测钻孔为煤层地质构造的精细勘探提供了必要的工程条件,为地质异常勘查提供了前所未有的工程量。

4.1.1　瓦斯抽采钻孔的类型

目前,常见的瓦斯抽采钻孔的布置方式可以分为本煤层钻孔、底抽巷钻孔、高抽巷钻孔等[38,104]。因施工方式、瓦斯抽采的任务不同,各类瓦斯抽采工程与采煤工作面空间关系各具特点。

（1）本煤层顺层钻孔

伴随着采煤工作面回采巷道的掘进,一般可以沿工作面布置方向进行本煤层顺层抽采钻孔的布置和施工,常用的本煤层顺层抽采钻孔布孔方式主要有平行钻孔、交叉钻孔两种。顺层钻孔间距依据煤层透气性系数而定,在低透气的突出煤层中,钻孔间距按照 2～3 m 进行设计施工,钻孔长度依据工作面长度设计,要求运输巷、回风巷施工的平行顺层抽采钻孔应留有不小于 10 m 的交叉距离,以保证煤层瓦斯抽采不留空白带。

（2）底抽巷穿层钻孔

底抽巷抽采煤层瓦斯是在具有突出危险性煤层的底板中施工巷道,然后向上施工瓦斯抽采钻孔直至穿过煤层。在突出煤层被揭露之前,通过大范围、长时间预抽煤层瓦斯,使得突出煤层瓦斯含量、瓦斯压力大幅度降低,能够起到基本消除区域范围内煤层瓦斯突出危险性的作用,为回采巷道顺利掘进、工作面回采提供安全保障。

具体现场施工过程中,底抽巷施工层位要根据具体岩层条件选择。施工的穿层瓦斯抽采钻孔终孔要能够控制回采巷道两侧轮廓线外侧 15～20 m,具体控制距离根据煤层倾角进行设计,抽采钻孔开孔位置依据钻孔终孔位置控制范围、钻机施工条件而定,在局部施工区域可以进行灵活调整。

（3）高抽巷钻孔

煤层顶板在采煤工作面开采过程中会周期性地垮落,导致周围覆岩裂隙场发生时空动态演化,煤岩体中瓦斯赋存平衡状态被打破,大量游离状态瓦斯通过产生的裂隙通道不断运移至覆岩裂隙带内,导致局部范围内瓦斯富集。高抽巷配合穿层瓦斯抽采钻孔位于覆岩冒落带以上、裂隙带范围内,能够对采空区及裂隙带内富集的瓦斯起到很好的控制作用。一般来说,需要根据工作面工程条件和抽采要求来设计高抽巷抽采钻孔,以利于最大限度地对采空区及裂隙带内富集的瓦斯进行抽采。

另外,预抽煤层瓦斯区域防突措施可以采用地面钻井抽采、底板走向长钻孔抽采等方式或是以上几种瓦斯抽采方式灵活组合。结合具体瓦斯地质条件,采用《防治煤与瓦斯突出细则》[5]中推荐的煤层瓦斯抽采方式,是突出煤层区域瓦斯抽采方式选择的基本原则。

4.1.2 基于瓦斯抽采钻孔的地质勘查方法

我国煤矿一般是通过液压钻机施工煤层瓦斯抽采钻孔,其中 ZY-300 型、ZY-200 型和 ZYG-150 型液压钻机是常用的钻机类型[105]。尽管完整的煤岩芯信息不能通过现行钻探设备获取,但钻屑性质等特征却可以明显识别,通过瓦斯抽采工程施工过程中的这些定性和定量地质信息,就可以大致判断钻孔是否钻进到岩层或者煤层当中。

在瓦斯抽采施工现场,对于钻孔的开口位置、煤孔段长度、岩孔段长度、钻孔方位角和钻孔仰角等施工参数均可进行现场记录,利用这些施工参数,结合相关数学模型,能够对钻孔钻进至煤层顶板、底板的三维坐标进行准确计算。通过大量的煤层底(顶)板三维坐标数据,绘制出煤层底板(顶板)等高线图或三维曲面图,根据这些生成图件可以对采煤工作面范围内地质构造信息做出综合分析、判识和预测。

(1) 掘进巷道前方隐伏构造探测

在煤巷掘进工作面,为了及时发现巷道前方煤层中隐伏的中小型断层和煤厚异常变化,可采用图 4-1 所示的设计方案,对煤层顶(底)板进行连续探测。利用超前抽采钻孔或防突措施效果检验钻孔作为煤层顶(底)板探测孔,以一定的仰角(俯角)向煤层顶(底)板施钻,确定煤层顶(底)板位置。控制孔的设计长度不宜过大,避免钻孔过长发生弯曲造成误差。随着巷道的掘进,每隔一定距离,施工同样一组钻孔,以便准确计算煤层顶(底)板的空间位置。

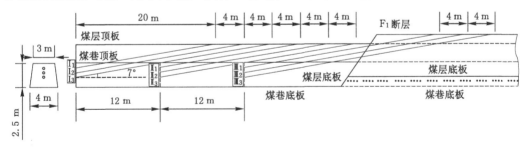

图 4-1　掘进巷道煤层顶板层位连续探测方法

例如,某矿一突出煤层平均厚度为 4.5 m,经区域消突后,在煤层中沿煤层底板掘进巷道。按《防治煤与瓦斯突出细则》等[5]要求,此类巷道每掘进 10～50 m,必须施钻进行煤层消突效果检验,因而,可综合利用消突效果检验钻孔进行瓦斯地质勘查。如图 4-1 所示,在掘进位置Ⅰ,以 7°仰角布设 3 个钻孔Ⅰ₁、Ⅰ₂ 和Ⅰ₃,在完成消突效果检验任务的同时,使之钻至煤层顶板,作为煤层顶板探测孔。当巷道掘进至位置Ⅱ和Ⅲ时,同样分别布设 3 个钻孔,以此类推。如此布设的煤层顶板控制孔,能够完成对煤层顶板位置的连续勘测,如掘进前方存在断层,将导致煤层顶板层位发生异常变化,从而使隐伏断层能够及时被发现,进而为避免隐伏断层造成的瓦斯积聚和瓦斯灾害,提前采取局部防突措施,提供瓦斯地质依据。

（2）采煤工作面隐伏构造探测

当采煤工作面存在隐伏构造（如隐伏断层或煤厚变化）时，如不能及时查清，很可能造成瓦斯抽采不均衡，甚至导致瓦斯灾害。按《防治煤与瓦斯突出细则》等[5]的要求，在具有煤与瓦斯突出危险的煤层中布置采煤工作面，必须在其回采之前实施瓦斯抽采，以消除安全隐患。因而，可以综合利用瓦斯抽采钻孔，开展采煤工作面瓦斯地质精细勘查。通过准确记录抽采钻孔施工中遇到的地质异常，及时发现隐伏构造，并可以在确定隐伏构造后布设必要的补充抽采钻孔，保证煤层瓦斯抽采均衡。

对于采用瓦斯抽采顺层钻孔预抽采煤工作面煤层瓦斯的情况，按照防突规定的要求，在运输巷每隔 4 m 沿煤层向上施工一组瓦斯抽采钻孔。当遭遇隐伏断层时，通过钻孔施工中出现的异常现象（如顶钻、卡钻、喷孔、响煤炮、返岩屑等），可以判定隐伏断层存在的位置，进而做出比较准确的隐伏断层预测。为了避免隐伏断层上下盘瓦斯抽采不均衡，在准确判定隐伏断层位置的基础上，必须在回风巷补充布设瓦斯抽采钻孔，对隐伏断层下盘煤层实施瓦斯抽采（图 4-2），避免断层下盘和上盘之间存在较高的瓦斯压力差和瓦斯含量差。

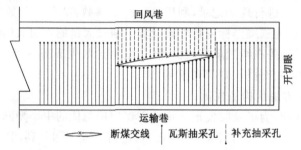

图 4-2　采煤工作面隐伏断层探测及瓦斯抽采

对于采用穿层瓦斯抽采钻孔预抽煤层瓦斯的采煤工作面，如果煤层当中存在地质构造，很有可能引起煤层原始层位发生一定的起伏变化。同样，也可以根据钻孔施工中出现的异常现象，判定隐伏断层的存在。同时，还可以结合穿层瓦斯抽采钻孔施工现场记录的钻孔开口位置、煤孔段长度、岩孔段长度、钻孔方位角和钻孔仰角等施工参数，对钻孔钻进至煤层顶板、底板的三维坐标进行计算，进一步判断对应范围内地层异常特征。

4.1.3　瓦斯抽采钻孔地质勘查影响因素分析

影响断层探测准确程度的因素主要来自钻孔和断层两个方面。通过煤层底板等高线变化特征对隐伏断层进行预测时，钻孔间距和断层落差的大小主要影响煤层底板等高线对隐伏断层的敏感程度，孔斜和孔深等钻孔测量误差则会导致隐伏断层的误判，甚至漏判断层。以建立的煤巷条带穿层瓦斯抽采地质模型（图 4-3）为例，具体说明各因素对断层探测的影响。

地质模型参数：煤层走向长 100 m，倾斜宽 40 m，厚度 3 m，煤层产状 30°∠10°。按照采区巷道布置设计方案，应该在煤层中提前掘进一条宽度为 4 m 的采煤工作面运输巷道。由于煤层为突出危险煤层，需要在运输巷道正下方 20 m 处的煤层底板岩层中沿煤巷掘进方向布置一条底抽巷。煤层中间位置设计一条垂直运输巷道的断层，落差为 2 m，左侧断盘煤层与底抽巷垂距均为 20 m，右侧断盘煤层与底抽巷垂距为 18 m，断层倾角为 60°。煤层底板等高线图由 MATLAB 软件基于钻孔三维坐标生成，等高线转折点连线与断层临近钻孔

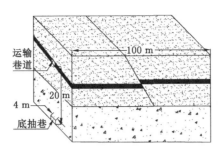

图 4-3　煤巷条带穿层瓦斯抽采地质模型

点连线相同,即等高线异常区域宽度等于钻孔间距。

(1) 钻孔间距

断层落差一定时,钻孔间距越小,则等高线转折越急剧,异常区域内等高线间距越密集,断层导致的等高线异常显现得越明显,如图 4-4 所示。此外,钻孔间距越小,单位面积煤层底(顶)板获取的钻孔三维坐标越多,生成的煤层底板等高线图就越准确。

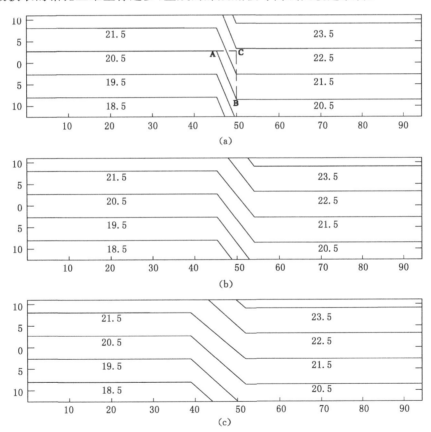

图 4-4　钻孔间距与煤层底板等高线异常变化特征
(a) 钻孔间距 5 m;(b) 钻孔间距 9 m;(c) 钻孔间距 13 m

(2) 断层落差

钻孔间距一定时,等高线异常区域宽度相同,断层落差越大,同一等高线在断层两侧的错动幅度越大,等高线转折越急剧,异常区域等高线越密集,断层导致的等高线异常显现得越明显,如图 4-5 所示。

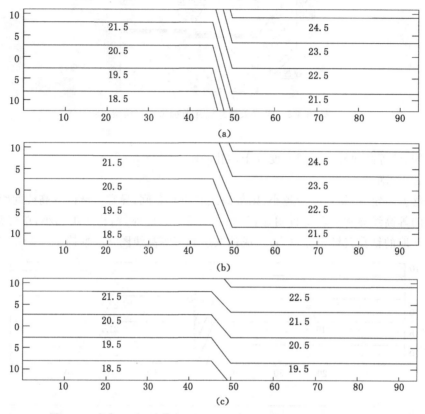

图 4-5　断层落差与煤层底板等高线异常变化特征

(a) 落差 3 m;(b) 落差 2 m;(c) 落差 1 m

（3）孔深误差

钻孔施工过程中,受地质条件、施工工艺和技术水平等因素影响,钻孔偏离设计轨迹产生偏斜,导致见煤点(出煤点)孔深与沿设计轨迹见煤点(出煤点)孔深不一致,产生误差。孔深误差将导致见煤点(出煤点)坐标(ΔX_i、ΔY_i、ΔZ_i)计算误差,影响煤层底(顶)板三维坐标的计算精度,进而对利用煤层底(顶)板等高线图异常变化特征预测隐伏断层造成干扰。孔深误差越大,对煤层底板等高线图的干扰越强,断层越难以识别,甚至可能导致误判或漏判的问题(图 4-6)。

（4）其他测量误差

其他测量误差主要包括钻孔方位角、仰角和距离三方面。钻孔开口坐标与终孔坐标的平面位移 ΔX_i 和 ΔY_i 与钻孔仰角、方位角和孔深有关,ΔZ_i 与钻孔仰角和孔深有关。因而,钻孔方位角、仰角的测量误差均会导致钻孔见煤点(出煤点)坐标的计算精度,进而影响通过煤层底板(顶板)等高线图异常变化特征预测隐伏断层的准确性。

在标定钻孔开孔位置和确定坐标系原点相对位置的过程中会产生距离测量误差。钻孔开孔坐标由直接测量钻孔开孔位置到相对坐标系原点的距离得到,测量误差越大,开孔坐标误差越大,计算得到的钻孔控制煤层底板(顶板)三维坐标误差越大。

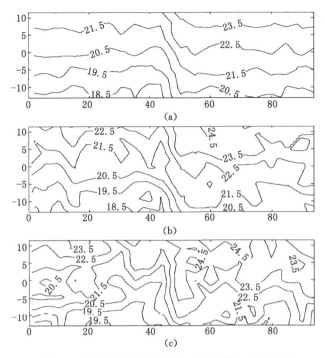

图 4-6 孔深误差与煤层底板等高线异常变化特征

(a) 孔深误差 0~1 m；(b) 孔深误差 0~2 m；(c) 孔深误差 0~3 m

4.2 小构造分析和预测基本方法

基于煤层瓦斯抽采工程，能够获得大量煤层底（顶）板三维坐标，并可以绘制出煤层底（顶）板等高线图或三维曲面图，开展对煤层隐伏小构造的勘查和预测。

通过煤层底板等高线变化特征对隐伏小构造进行预测时，一些影响因素可能导致误判，影响预测精度。因此，科学有效的方法在小构造分析和预测过程中显得尤为重要，下面介绍一些常用方法，以供借鉴。

4.2.1 趋势面分析

4.2.1.1 基本原理

趋势面分析是回归分析的一个独特的应用，它应用于地质和地理学科，是研究地质空间特征的一种重要的方法[106]。趋势面分析要求在满足观测点与回归值的差值的平方和是最小的情况下，把构造形态在一定的空间范围内应用非线性多重回归拟合出一个最合理的函数回归方程，然后再根据这个方程从观测点中得到一部分确定性的变量，这部分就是趋势值，而余下的那部分就成为剩余值，由趋势值形成的曲面称之为趋势面。

由于趋势值只是逼近于观测值，并不是等于观测值，大部分观测值只是分布在趋势面的上方或下方，所以趋势面只是反映了地质体大体上的产状变化。根据趋势面的性质可以知道，如果把多项式多重回归分析的阶次逐步提高的话，那么随着阶次的增高，逐次会添加一个高次项，这时趋势值的变化也会随着阶次的提高越来越逼近于观测值，因而由趋势值所形成的趋势面也将会越来越接近于真实的曲面。

4.2.1.2　地质解释

在地质研究中,趋势面分析是通过趋势图和残差图来分析地质特征的。趋势面分析在分析地质特征上可以分为两大类:其一,是基于地质变量的数据,用一个拟合面去逼近该地质变量客观存在的区域性变化,进而发现其区域性变化规律;其二,是忽略区域性变量而突出局部性分量,进而更加明白地看出局部异常变化。前者的目的是研究整个的大体趋势,而后者的研究目的是发现局部的异常。总的来讲,趋势面分析的作用就是在于将观测数据中的区域性特征、局部特征及随机干扰分离出来,以便从中找出隐蔽和被掩盖的地质信息。

4.2.1.3　基于残差值分析判断隐伏构造的类型

在预测煤层隐伏小构造的过程中,主要是利用残差值所生成的残差图来判别构造存在的。剩余值根据观测值与趋势值的关系有正有负,剩余值是正值说明观测值大于趋势值,若是负值则说明观测值小于趋势值。由正剩余值形成的组合叫作正值区,反映了大于或高于趋势变化的局部变化;由负剩余值形成的组合叫作负值区,反映了低于或小于趋势变化的局部变化。

（1）断层信息在偏差图上的反映

根据经验来说,大的地质构造可以影响整个区域的趋势形态,而小的构造只会影响其附近的地质形态。以断层为例,因为断层构造本身具有方向性和非连续性的特点,因此,它在趋势面分析中便会有其独特的表现形式。一般而言,断层在其偏差图中往往表现为正负两个异常带,两带之间的零值线就是断层存在的位置,根据一次偏差图中断层两侧的正、负偏差值,就能计算出断层的落差。因此,就可以用正、负异常带中最大值与最小值之差来表示断层的落差。正、负异常带的走向代表了断层的走向,与之垂直的便是倾向。

下面介绍三种断层在偏差图上的特征。

①　走向断层。在绘制实测等值线图时是将断层两盘最近的钻孔点岩层标高直接相连（突出整体趋势,即沿地层走向发展,所以断层处也沿走向并过断层）,这样在断层附近岩层的倾角一般变得比正常倾角要大（岩层变陡,做出的顶底板等高线就变密）,在偏差等值线图上表现为等值线密集。

这种断层趋势沿走向延伸发展,而且断层不会断开等值线,在断层上盘留下了负残差、在断层下盘留下了正残差,而其他部位残差没有留下,因此做出的残差分布图就是＋、0、－,而且大部分区域都为0。

②　倾向断层。这种断层两盘的岩层面与一次趋势面相交的位置不同,反映在偏差等值线图上为等值线发生弯曲,呈台阶状。

因此根据偏差等值线有规律地弯曲,便可判断有倾向断层存在。趋势一定沿走向,走向是大区的发展趋势,倾向断层走向还是原走向,因此整体趋势还按照原来走,穿过断层时,偏高、偏低而已。

③　斜交断层。它在偏差图上的表现兼有走向断层和倾向断层的特点,偏差等值线也发生弯折。由于多种因素的叠加影响,使断层附近不同偏差等值线发生弯折的起始位置不同。

（2）褶曲信息在偏差图上的反映

与断层一样,褶曲在偏差图上也有自己的特征。除了三维模型和等高线所表现的不同外,其在偏差图上与断层也是有区别的,两者虽都有正负偏差区,所不同的是断层表现的正负偏差之间有一条零分割线,而褶曲表现的是几个零分割线之间存在正负偏差区。

此外,褶曲在等值线和残差图中变密或变疏一般都比较宽缓,这点与断层表现是不一样的,断层表现一般都是突然变化的。走向为趋势,必然留下核部残差,残差图必然出现大部分0,由核部至翼部变为0。

总之,倘若存在地质构造,对偏差值进行多次趋势面分析,总会在相应的偏差图上把构造显示出来。同时,只要在剩余图中显示有异常的特征,便可以推测该异常是地质构造的体现。

4.2.2 曲面磨光分析

曲面磨光法在地质上的应用是基于实测值与磨光值之间的偏差 ΔZ 来分析的。由偏差值生成的偏差图是预测隐伏构造的重要手段[107,108],其基本原理是:假设某一采样区域原本就是一张平板,那么,该区域的样条函数曲面和磨光曲面一定会重合,换句话来讲,就是该平面磨光前后相对应网格点的偏差 ΔZ 为0,而如果采样区域为一曲面,那么这个偏差就不为0。所以说,利用偏差值 ΔZ 便可对煤层隐伏构造进行预测。

(1)断层

由于断层导致了煤层的不连续,磨光后的曲面会在不同程度上偏离原始数据点。此时若用实线的值减去虚线的值,就会以断层面为界限产生正、负两个偏差(剩余)数据区,并且正、负值之间有一零点值,这个点必然在断层面上,剩余值为正的是断层的相对上升盘,剩余值为负的则是断层的相对下降盘。

(2)背斜、向斜

预测背、向斜构造原理与断层一样,背、向斜经磨光后一样产生正、负剩余值以及零值。但是,它们在平面上的表现形式与断层是不同的,具有其本身的组合特征。背、向斜的正、负剩余值以及零值在平面上也有特殊的表现形式,下面总结出了利用曲面磨光法判别褶曲的几条规律。

① 曲面磨光图中粗实线两边的正、负区域是对称分布的,那么此粗实线代表的就是断层,并且它的伸展方向便是断层的走向。

② 在曲面磨光图上,如果粗实线是一条封闭的曲线,并且伸展方向没有规律可言,同时某一段却有正、负封闭圈的对称分布,便可认为此区间存在断层;但如果只有一部分符合规律,则不一定就是断层构造,需要进一步进行鉴别。

③ 如果在勘探区内出现较为规则的粗实线封闭圈,那么该区域是背斜或向斜。倘若背、向斜构造范围比较小,且完全位于采样的数据区域内,那么此时的零等值线是闭曲线,反之则为开曲线。

此外,在实际应用中,磨光预测图上除了以上各种情况外,还存在一些粗实线,它们大多是由煤层顶、底板的微小起伏造成的。

趋势面分析方法和曲面磨光法各有优缺点。在钻孔数据较少时,曲面磨光法优于趋势面分析,但当钻孔数据量比较大时,曲面磨光法就会逐步失真,这种情况下宜采用趋势面分析方法,在实际应用中,要根据实际情况进行选择。

4.2.3 其他分析

通过瓦斯抽采钻孔数据可以求出每个钻孔在煤层的控制点的坐标,如能获得足够数量的煤层底板(或顶板)坐标,就可以绘制出煤层底板(或顶板)等高线图、三维立体图以及煤厚的变化分布图,继而可以定量而直观地识别煤层的展布、煤厚的变化以及煤层层位变化的形态特征,对于煤层隐伏构造的预测提供了基本依据。

（1）煤层底(顶)板三维形态分析

通过求得的煤层顶、底板控制点的三维坐标,基于 MATLAB 绘图功能便可生成煤层顶、底板的三维模型。煤层的三维模型能够反映煤层在三维空间的展布情况,通过煤层的起伏可以研究煤层的分布特征。倘若煤层中存在构造,那么它就有可能会引起煤层标高的变化,例如常见的断层,断层落差必然造成断层上、下盘煤层底(顶)板标高的变化,这在煤层的三维模型上也会表现出来,对于褶曲构造也是如此。因此,可以将煤层的三维模型作为预测煤层隐伏构造的一个技术途径。

通过 MATLAB 软件绘制煤层的三维模型,其效果的好坏取决于所选择的插值方式。表 4-1 是目前常用的几种常用的插值方法。

表 4-1　插值方法及其优缺点

插值方法	优点	缺点	逼近程度	运算速度	外推能力	适用范围
最近邻点法	方法简单,计算效率高	插值受观测点的影响大	不高	很快	强	观测点要求分布均匀
距离反比加权法	算法简单,插值精确	易受采样集群影响	分布均匀时好	快	很差	观测点要求分布均匀
克里金插值法	插值精度高	计算步骤麻烦,插值的速度慢	高	慢	很强	均可,使用范围较广
趋势面插值方法	通过部分点产生最佳拟合面	在数据区外围产生异常高值	不高	很快	强	不适合做精细的等值线
三角网线性插值法	忠实于原始数据点	过分依赖原始数据	高	慢	差	观测点要求分布均匀

从表 4-1 可以看出,综合来讲克里金插值方法是一个比较理想的插值方法。事实上,克里金插值方法在地质领域是一种国际公认的空间估值方法,它是建立在变异函数空间分析基础上,对规定区域内的局部变量的取值进行没有偏差、最佳估计的一种方法。总的来说,与其他插值方法相比较,克里金插值方法主要有两个方面的明显优势:一方面,克里金插值给出了估计误差,这使得估计值的误差一目了然,更加可靠;另一方面,由于克里金插值方法考虑了被描述对象的空间相关性,因此数据网格化的结果接近于实际情况,更加科学。

（2）煤层顶(底)板等高线图分析

煤层面与相应高度的水平面的交线用标高投影的方法投影到水准面上,得到的图形就是煤层等高线图。一般来说,与煤层上层面的交线称为煤层顶板等高线,而与煤层下层面的交线称为煤层底板等高线。煤层底板等高线在煤矿的使用中极为普遍,它对于矿井地质构造的分析尤为重要。

一般来说,如果煤层中不存在构造,煤层等值线往往比较平滑,煤层标高的变化虽说有很大的不确定性,可是这种变化一般来说具有连续性,随着煤层高程的变化表现出平缓的曲折；如果煤层等值线的线间距在某一区域变得异常密集或稀疏，形成等值线异常带，并且具有明显的方向性，则说明可能存在地质构造带（图4-7）。

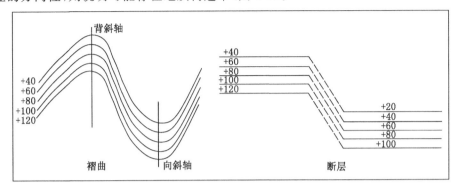

图4-7　褶曲和断层在等高线图上的表现示意图

此外，通过煤层底板等高线还能够判断煤层的走向、倾向和倾角。任一等高线伸展的方向都代表煤层的走向，过等高线上任一点向标高值较小的等高线作的垂线方向就是煤层的倾向。一般来说，可以通过在煤层底板等高线图上作图求得煤层的倾角（图4-8）。

（3）煤厚变化特征分析

引起煤厚变化的因素是多种多样的，并不

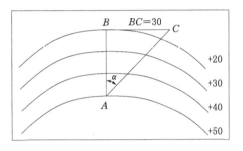

图4-8　煤层产状要素计算示意图

是说煤厚变化就一定有构造的存在，但在大多数的情况下，构造的存在都会在一定程度上引起煤厚的变化。煤厚变化太大本身就会影响煤矿的安全生产，因此，这里将煤厚的变化也作为研究构造存在的一项辅助性指标。

（4）瓦斯动力异常现象分析

在瓦斯抽采钻孔施工的过程中，会出现瓦斯动力现象，常见的动力现象以夹钻、顶钻、喷孔和瓦斯异常涌出为主[109]。存在构造的区域，往往是应力集中区或者煤层的破坏带，在这类区域施工瓦斯抽采钻孔更容易出现瓦斯动力现象。因此，通过记录钻孔施工过程中出现各类动力现象的次数，然后进行危险性量化，作为判断是否存在隐伏构造的一个依据。

4.2.4　小构造预测数学坐标系

根据每个抽采钻孔的倾角、夹角、煤孔段、岩孔段等参数，结合底抽巷、钻孔、煤层三者的空间几何关系，建立相关数学模型，就可以计算出钻孔开孔点坐标、煤层底板控制点坐标和煤层顶板控制点坐标。

从理论上来讲，对于某个钻孔，如果确定其开孔坐标、倾角和方位角，那么根据空间几何关系，就可以获得不同孔深下该钻孔的终孔坐标。在计算终孔坐标时，选择不同的坐标系，计算结果完全不同。因此，只有建立一个统一的空间坐标系，并且将各个钻场内的全部钻孔参数转换到该坐标下，求解出来的终孔坐标才有意义。

4.2.4.1　坐标体系类型

煤矿井下常用的空间坐标系包括地理坐标系和相对坐标系。地理坐标系以地磁北极、重力反方向及与二者垂直的方向为坐标轴,坐标轴之间相对方位符合右手法则。一般来说,在煤矿井下测量抽采钻孔参数时,常选择巷道中线方向、重力反方向及与它们垂直的方向建立相对坐标系,坐标轴建立原则为右手法则(图4-9)。

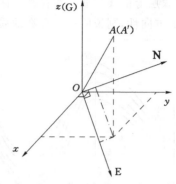

图4-9 地理坐标系与相对坐标系对照图

(1) 地理坐标系 O-ENG 的规定

① ON 轴指向地磁北极。

② OG 轴与 Oz 轴重合。

③ OE 指向正东方向。

④ 坐标系符合右手法则,即右手平直展开,四指指向 E 轴正方向,然后向手心方向折合四指直到垂直掌面,四指指向 N 轴正方向,此时大拇指展开方向即为 G 轴正方向。

⑤ 方位角以 N 方向为 $0°$,沿顺时针方向旋转为正;倾角取 NOE 面上方为正(＋),下方为负(－)。

地理坐标系和相对坐标系均为空间直角坐标系,且共用重力反方向作为各自坐标轴之一。空间内同一点在地理坐标系、相对坐标系表示的坐标分别为 A、A',两者坐标值虽然不同,但却可以互相转换,即 O-xyz 坐标系内的任意坐标 A 按照一定方式能够转换到 O-ENG 坐标系中的 A',而绝对空间位置保持不变。同样地,O-ENG 坐标系中任意坐标也能够等价地转换到 O-xyz 坐标系中。

(2) 相对坐标系 O-xyz 的规定

① Ox 轴为抽采巷道中线,以煤巷掘进方向为坐标轴正方向,常作为测量钻孔方位的基准线。

② Oz 轴与重力方向相反,垂直地面向上。

③ Oy 轴垂直平面 Oxz,面向 Ox 轴方向时,取左手所在一侧为正方向。

④ 坐标系符合右手法则。

⑤ 方位角为以 x 轴正方向为起点,沿顺时针方向旋转所得的夹角;倾角位于平面 xOy 上方为正(＋),下方为负(－)。

(3) 统一坐标系 O-xyz 规定

① Ox 轴根据钻孔在煤层顶板(底板)分布设定,尽量使出煤点(见煤点)均匀地分布于坐标轴两侧。

② Oz 轴为重力反方向。

③ Oy 轴垂直于 xOz 面。

④ 坐标系符合右手法则。

⑤ 方位角为以 y 轴正方向为起点,沿顺时针方向旋转所得的夹角;倾角位于平面 xOy 上方为正(＋),下方为负(－)。

4.2.4.2 坐标体系建立的步骤

坐标体系建立得合理与否主要取决于能否做到既有利于定位施工钻孔,又便于钻孔参数的后续处理。在煤巷条带穿层瓦斯抽采钻孔施工中,抽采巷道一帮或者两帮需要开挖多个钻场,在钻场内按照设计要求施工若干钻孔。显然,如果先为每个抽采钻孔建立一个坐标系,再将全部钻孔参数最终统一到同一坐标系内,计算烦琐,且容易出错;如果先建立统一坐标系设计钻孔参数,后施工钻孔,则全部抽采钻孔都必须以同一点为基准施工,不利于施工钻孔定位,而且容易造成测量误差。

为便于预测分析,一般通过数学方法使得地理坐标系和相对坐标系转化为统一坐标系之下。兼顾钻孔施工和数据处理,结合现场实际,按以下步骤建立坐标系体系,如图4-10所示。

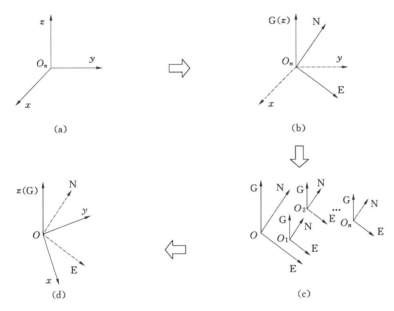

图 4-10 坐标系转换

（a）建立相对坐标系；（b）相对坐标系转换至地理坐标系；
（c）地理坐标系转换至统一地理坐标系；（d）统一地理坐标系转换至统一坐标系

首先,以钻场为单位建立一个相对坐标系 O_n-xyz（n 为钻场标号）,原点 O_n 位于巷道底板平面上,按照相对坐标系的规定建立 x 轴、y 轴和 z 轴,在此坐标系内,设计、测量钻场内钻孔的开孔坐标、倾角和方位角;其次,固定坐标原点 O_n,以正北方向（N）、正东方向（E）和重力反方向（G）为坐标轴方向,建立地理坐标系 O_n-ENG,并将钻场内全部钻孔参数由相对坐标系转换至地理坐标系内;再次,沿巷道同一方位,选取适量相邻钻场作为整体,建立统一地理坐标系 O-ENG,根据各个地理坐标系坐标原点（O_1,O_2,$\cdots$,O_n）之间的相对位置,最终将钻孔参数全部转换至坐标系 O-ENG 内。最后,为了避免 MATLAB 软件绘图插值范围超出已知煤层顶、底板三维坐标分布区域造成的误差,应在统一地理坐标系 O-ENG 的基础上建立统一坐标系 O-xyz,使已知三维坐标值均匀地分布在 X 轴两侧。

4.2.4.3 应用举例

以煤巷条带穿层瓦斯抽采地质模型为例,根据底抽巷、钻场、钻孔布置参数,建立相应的坐标体系,如图4-11所示。

从左至右,为每个钻场建立一个相对坐标系,分别为 O_1-xyz～O_4-xyz,其中,原点 O_1～O_4 均位于底抽巷底板平面上,为各自钻场中心线与底抽巷中心线的交点,$O_n x$ 指示设计煤巷掘进方向;在 $xO_n y$（n 取 1～4）平面内,坐标原点保持不变,分别以正北方向和正东方向为坐标轴,建立地理坐标系 O_n-NEG（G 与 z 重合）;在原点 O_1 10 m 远处建立统一地理坐

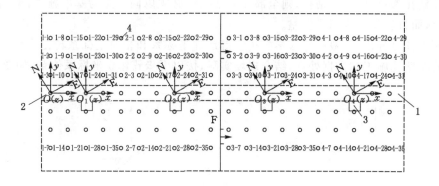

图 4-11　钻孔坐标体系图

标系 O-ENG(G 与 z 重合)与统一坐标系 O-xyz。由于建立的地质模型简单,因此图中统一坐标系 O-xyz、相对坐标系 O_n-xyz 的各坐标轴对应平行,而实际生产中,随着巷道高低宽窄的变化,坐标系之间对应坐标轴会有或大或小的夹角。

4.3　小构造预测基本流程

根据煤矿现场瓦斯抽采工程施工特点,可以建立利用瓦斯抽采工程探测与预测煤层小构造的基本分析流程,如图 4-12 所示。

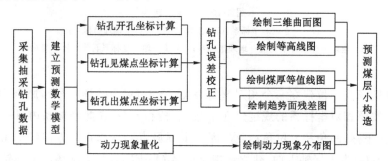

图 4-12　煤层小构造预测流程图

首先,在统一坐标系下,采集瓦斯抽采钻孔相关数据,建立预测数学模型,进行见煤点坐标等计算,并对孔斜等钻孔误差进行校正,同时注意观测和记录钻孔施工过程中可能出现的瓦斯动力现象,绘制动力现象分布图;采用计算机辅助技术绘制煤层底(或顶)板等高线预测图等,通过趋势面等分析技术,结合瓦斯动力现象分布特征等综合分析,对煤层小构造做出预测。

4.3.1　抽采钻孔基础数据的采集

瓦斯抽采钻孔施工数据是预测的基础,预测结果是否准确很大程度上取决于抽采钻孔基础数据采集的精度。在现场施工的过程中,一般由专职人员详细记录每个瓦斯抽采钻孔的施工参数,包括钻孔孔号、钻孔在岩层中的长度、钻孔在煤层中的长度、钻孔倾角、钻孔方位角、煤屑的性质及煤屑量、施工中出现的瓦斯动力异常现象、钻机的位置和钻杆的钻进速度等。由于煤矿井下作业环境条件比较恶劣,工人操作能力和施工设备状况等因素也存在差异,抽采钻孔现场记录数据不可避免会出现一定程度的误差。针对这一问题,必须尽可能减少人为误差,在现场记录抽采钻孔施工数据的过程中,应当着重注意以下几个方面问题:

(1) 避免钻机发生移动

由于钻机性能和地质条件差异,现场施工过程中可能会存在剧烈震动和缓慢滑移现象。这种情况下,很容易造成钻孔施工偏斜。所以,在钻机开机之前,必须检查钻机是否固定,发现松动问题应当提前处理;同时,施工中若因为地质条件等因素钻机发生缓慢移动,应当结合参考物做好标记,选择暂时停机或根据标志物记录钻机移动的参数,以便在钻孔误差校正时给予适当处理。

(2) 准确记录钻孔开孔位置

按照设计钻孔的开孔位置进行现场施工是常规的施工方式,为提高钻孔开孔坐标计算的准确性,也可以进行钻孔开孔位置现场测试工作。一般而言,开孔位置到底抽巷中线的投影距离、开孔位置到底抽巷底板的垂距两个施工参数对构造预测最为重要。如果钻孔开孔位置现场测试参数和钻孔施工设计参数相差不大,那么,可以选用施工设计数据进行钻孔开孔坐标计算,以提高开孔坐标计算的效率。

(3) 准确记录钻孔方位角

抽采钻孔的方位角可以利用方位尺进行测量,在测量过程中,要做到方位尺水平放置、方位尺的零刻度线与巷道中线方向平行,待方向线稳定后方可读取角度数值。

(4) 准确记录钻孔仰角

通过坡度规测量施工钻杆的倾角是钻孔仰角的主要测量方式。

(5) 准确记录钻孔深度

在钻孔施工过程中,一般是根据钻进的钻杆数目来计算钻孔的深度。如果使用的钻杆长度不一致,则要注意分别详细记录,避免误记和漏记现象,对于钻进不足整根的,尽量做到现场测量记录。

在钻孔深度记录过程中,根据钻进煤屑的性质和钻机的钻速、压力以及声音来分析钻进岩层或煤层位置,然后将钻杆折算为具体长度来判断各个钻孔钻进煤孔段和岩孔段的长度以及入煤层点和出煤层点的具体位置。

(6) 钻孔其他信息的记录

目前,煤矿使用的液压钻机均可以通过显示屏对钻进过程中机器运行工况参数进行动态显示,最容易观测到的信息就是钻机的钻速和动力压值。另外,瓦斯涌出量突然变大、喷孔、夹钻等也是钻孔施工过程中容易发生的动力现象,也应做好现场详细记录。

4.3.2 建立预测数学模型

(1) 钻孔开孔点坐标的计算

如图 4-13 所示,如果底抽巷整体起伏不大,可以近似将其按照水平巷道进行钻孔开孔点坐标计算。根据穿层抽采钻孔施工特点,以底抽巷巷道走向中线为 X 轴,以竖直方向为 Z 轴,以底抽巷底板中线与某一钻场底板中心线的交点为坐标原点 $O(0,0,0)$,可以建立起底抽巷、钻场、钻孔和抽采区域统一坐标系 $O\text{-}XYZ$,则抽采钻孔开孔点 A 坐标(x_A、y_A、z_A)的计算公式为:

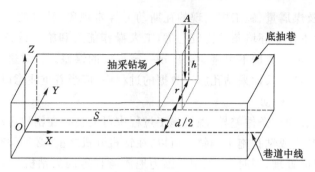

图 4-13　平直底抽巷开孔坐标计算示意图

$$\begin{cases} x_A = s \\ y_A = d/2 + r \\ z_A = h \end{cases} \tag{4-1}$$

式中　s——抽采钻场底板中线距离原点在 x 方向的距离，m；

d——巷道宽度，m；

r——抽采钻场宽度，m；

h——抽采钻场高度，m。

由于井下巷道有时不能始终按照平直方向进行掘进，巷道经常发生弯曲或起伏变化。此时，钻孔开孔点坐标计算应按照弯曲底抽巷建立数学模型进行计算。

如图 4-14 所示，巷道弯曲段 A_1A_2 相对平直段 OA_1 在水平面内（O-XY）偏角改变了 α

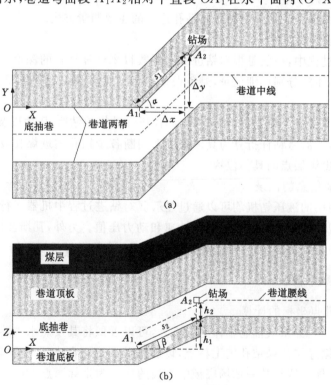

图 4-14　弯曲底抽巷开孔坐标计算示意图

（a）底抽巷水平剖面图；（b）底抽巷竖直剖面图

（O-XY 面上若偏向第一象限 α 为负，在第四象限 α 为正），在竖直平面内（O-XZ）偏转角度为 β，设 A_1 点坐标为（x_A,y_A,z_A），则钻孔开孔点 A_2 的坐标可按下式进行计算：

$$\begin{cases} a(x,y,z)=a(x_A,y_A,z_A)+(\Delta x,\Delta y,\Delta z) \\ \Delta x=s_1 \times \cos \alpha \\ \Delta y=s_1 \times \sin \alpha \\ \Delta z=h_2+s_2 \times \sin \beta \end{cases} \tag{4-2}$$

式中　Δx、Δy、Δz——巷道弯曲段相对于平直段在 X 向、Y 向、Z 向的落差，m；

　　　　s_1——巷道弯曲段水平投影长度，m；

　　　　s_2——巷道弯曲段竖直投影长度，m；

　　　　h_2——钻孔开孔位置距离巷道底板垂直距离，m；

　　　　α——巷道弯曲段相对平直段在水平方向上（O-XY）的偏角，（°）；

　　　　β——巷道弯曲段相对平直段在竖直方向上（O-XZ）的偏角，（°）。

（2）煤层顶、底板坐标的计算

底抽巷、瓦斯抽采钻孔、煤层空间位置关系如图 4-15 所示，其中，α_i、β_i、l_1、l_2 分别为钻孔 i 的方位角、仰角、钻孔在岩中的长度和在煤层中的长度。这里假设钻孔未发生偏斜，钻孔开孔控制点 A、钻孔底板控制点 B、钻孔顶板控制点 C 三点之间是一条直线，钻孔轨迹水平投影线与钻孔观测线之间夹角代表钻孔方位角，钻孔轨迹方向与钻孔轨迹水平投影线之间夹角代表钻孔倾角。

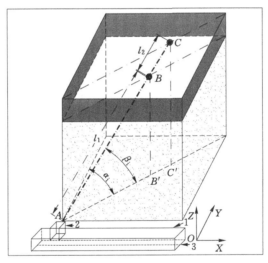

1—底抽巷；2—钻场；3—岩巷中线；

A—开孔控制点；B—煤层底板控制点；C—煤层顶板控制点。

图 4-15　煤层顶底板坐标点计算示意图

根据底抽巷、瓦斯抽采钻孔、煤层空间几何关系可以求得煤层底板控制点 B（x_B,y_B,z_B）相对于钻孔开孔位置 A（x_A,y_A,z_A）的坐标：

$$\begin{cases} x_B=x_A+l_1 \times \cos \beta_i \times \sin \alpha_i \\ y_B=y_A+l_1 \times \cos \beta_i \times \cos \alpha_i \\ z_B=z_A+l_1 \times \sin \beta_i \end{cases} \tag{4-3}$$

同理,可以得出煤层顶板控制点 $C(x_C, y_C, z_C)$ 相对于钻孔开孔位置 $A(x_A, y_A, z_A)$ 的坐标:

$$\begin{cases} x_C = x_A + (l_1 + l_2) \times \cos\beta_i \times \sin\alpha_i \\ y_C = y_A + (l_1 + l_2) \times \cos\beta_i \times \cos\alpha_i \\ z_C = z_A + (l_1 + l_2) \times \sin\beta_i \end{cases} \tag{4-4}$$

在实际计算钻孔坐标点的过程中,一般可以根据具体地质状况,将局部区域相对比较平直的底抽巷划分为一段,建立局部坐标系计算钻孔开孔位置坐标、钻孔见煤点位置坐标、钻孔出煤点位置坐标。然后,根据底抽巷不同分段内高程、平面上的变化参数,将各分段内分别计算钻孔的三维坐标换算至统一坐标系内。

(3) 煤层厚度的计算

利用抽采钻孔数据进行煤厚的计算,具体计算方法有人工计算和计算机自动插值计算两种。人工计算法是最常规的煤厚计算方法,抽采钻场、抽采钻孔、煤层空间几何关系如图4-16 所示。

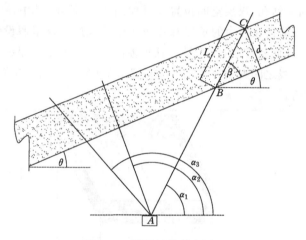

图 4-16　煤厚计算示意图

假设钻孔与煤层底板的夹角为 β,A 点为开孔点,B、C 为钻孔见煤点和出煤点,根据钻孔倾角 α、煤层倾角 θ 以及钻孔在煤层中的长度 L 关系,煤厚 d 可以按照下式进行计算:

$$d = \sin\beta \times L = \sin(\alpha - \theta) \times L \tag{4-5}$$

计算机自动插值计算主要是根据钻孔见煤点数据、出煤点数据,选择合适的空间内插值方法,利用相关绘图软件自动生成煤层厚度等值线图[110-112]。比较常规的做法是利用 MATLAB 软件的绘图功能,将已经得到的煤层顶板、底板三维坐标进行网格化处理,根据网格节点处的三维坐标及法向单位矢量,按照下式就能计算出各网格节点处的煤层厚度值:

$$\begin{cases} \bar{n} = (\mu, \nu, \omega) \\ \overline{DF} = (x_f - x_d, y_f - y_d, z_f - z_d) \\ \overline{DE} = \overline{DF} \times \bar{n} \end{cases} \tag{4-6}$$

式中,$\bar{n}$、$\overline{DF}$、$\overline{DE}$ 分别为煤层底板三维图在网格节点 $D(x_d, y_d, z_d)$ 处的法向单位矢量、煤孔矢量和煤层厚度;$F(x_f, y_f, z_f)$ 为与节点 D 距离最近的煤层顶板网格节点。

以上两种方法均可应用于煤层厚度计算,绘图软件自动绘制煤层等值线方法操作简单,绘图规范,但因利用了煤层底板控制点坐标、煤层顶板控制点坐标,如果钻孔轨迹较长、偏斜问题严重的话,相对来说误差较大;人工绘图法相当于只利用了煤孔段长度,因为利用的钻孔长度较短,所以误差会相对较小。

在具体计算过程中,如果瓦斯钻孔施工长度较短或拥有丰富的钻孔测斜数据,那么应当优先选择利用软件自动绘图;如果钻孔施工长度较长,而且钻孔偏斜误差没有得到有效校正,那么选择人工计算煤厚方法就更为准确。

4.3.3　校正钻孔误差

掌握详尽而准确的瓦斯抽采工程施工数据,是进行煤层小构造类型、位置、产状和性质准确判断的前提。然而,各种各样的误差问题在实际操作过程中都可能出现,有些误差也很难做到完全避免,这些都是小构造预测应当慎重考虑的问题,对现场大量数据进行有效的筛选和校正工作是十分必要的。

瓦斯抽采钻孔误差类型基本可以分为开孔位置误差、煤层控制点判断失误误差、钻孔偏斜造成的误差三种[113]。不同类型钻孔施工误差均有一定的发生规律,可以针对它们的特点选取合适的筛选和校正方法。

（1）开孔位置误差

对于钻孔的开孔位置的具体参数大多数煤矿都没有记录,在预测煤层小构造时往往采用的是钻孔设计的开孔位置数据。应尽量保证钻孔施工的质量,严格按照设计的标记点进行施工,如果个别钻孔施工位置临时调整,应当做好现场测量和记录工作;同时,加强钻孔孔斜测量工作,分析比较钻孔实际位置与设计开孔位置存在的差别,计算出相应的偏差系数,对设计钻孔进行整体误差校正。

（2）煤层控制点判断误差

煤层控制点判断误差一般是由于抽采钻孔数据人为记录不准确造成的。钻孔孔深的长度是根据钻杆的数量来确定的,由于需要对部分钻孔长度进行现场估算,不同记录人员可能存在习惯性误差。因此,现场钻孔数据的记录要有固定标准,必要时对钻孔钻进长度进行人工测量。

（3）钻孔偏斜误差校正

由于地质、钻机工艺以及施工技术多方面的因素影响,钻孔轨迹随着钻进长度的增加,会逐渐偏离设计直线状态而发生一定程度的弯曲(图 4-17),而且这种钻孔偏斜现象很难完全避免。

如图 4-17 所示,假设钻孔的设计钻进轨迹为 AC 直线段,钻孔的实际钻进轨迹为 AB 弧线段,钻孔实际钻进轨迹在设计轨迹基础上发生了一定的偏移。在这种情况下,钻孔的终孔位置 C 点坐标(x_C,y_C,z_C)可以根据钻孔的原始施工参数计算得出,实际钻孔的终孔位置 B 点坐标(x_B,y_B,z_B)可以利用钻孔的测斜仪现场测量得出。根据钻孔设计钻进轨迹、实际钻进轨迹之间空间几何关系,B、C 两点之间发生的偏差$(\Delta x,\Delta y,\Delta z)$容易进行计算,就得到了钻孔终点在空间不同方位上的偏移量,按照下式就可以对钻孔终孔位置坐标进行校正计算:

$$\begin{cases}\Delta x = x_C - x_B \\ \Delta y = y_C - y_B \\ \Delta z = z_C - z_B\end{cases} \tag{4-7}$$

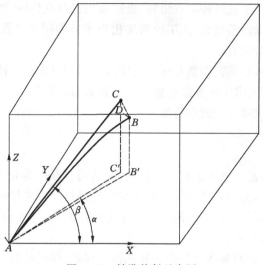

图 4-17　钻孔偏斜示意图

具体现场预测过程中,钻孔偏斜测试工作应根据现场钻孔施工技术及地质条件灵活选择。如果地层造成的钻孔偏斜现象比较严重,就必须按照一定的比例选取不同区段进行钻孔偏斜测试工作,计算出不同方向的钻孔偏斜系数,总结钻孔的偏斜发生规律,对整体钻孔进行偏斜误差校正;如果钻孔钻进距离较短,地层造斜特征不明显,钻孔偏斜引起的误差很小,那么可以认为钻孔偏斜误差对煤层小构造的预测精度不会产生很大影响,在这种情况下,可以直接选用钻孔现场施工数据进行预测。

4.3.4　小构造判识

根据每个钻孔数据计算的煤层底板坐标或顶板坐标,可以生成煤层底(或顶)板等高线图、煤层底(顶)板三维曲面图和煤厚等值线图,从而直观地观察煤层产状的变化特征,进而判断地质构造的类型和产状要素。

根据地质构造的判别经验,选取煤层底(顶)板三维曲面图、煤层底(顶)板等高线图及趋势面残差图、煤厚等值线图、瓦斯抽采工程施工过程中的动力现象作为煤层小构造判识的基本依据。

4.3.4.1　煤层顶(底)板三维曲面图

通过求得的煤层底(顶)板点的三维坐标,利用常规的绘图处理软件便可以生成煤层底(顶)板的三维曲面图(图 4-18)。

三维曲面图能从整体上反映出煤层顶板或底板在三维空间的分布特征,煤层的产状特征及局部起伏变化可以一览无余,达到初步快速确定地质异常区的目的。倘若煤层中存在隐伏小构造,那么它就有可能会引起煤层标高的异常变化。例如常见的断层,其上、下盘落差必然造成煤层底板或顶板标高上的变化,这在煤层的三维曲面图中就能清晰表现出来,对于褶曲构造也是如此。

4.3.4.2　煤层底(顶)板等高线及趋势面残差图

通过煤层底(顶)板三维曲面图容易发现异常变化,但是,哪些异常是由于小构造(主要指小断层和小褶曲)导致的,通常很难在三维图中直观地判识出来。利用数学地质中的趋势

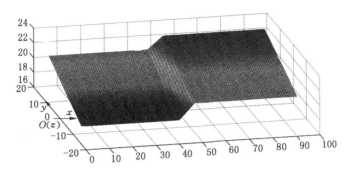

图 4-18 断层发育区煤层底(顶)板三维曲面图

面分析法可以对煤层底(顶)板等高线进行趋势分析,突出局部异常变化,有可能更好地判别出构造类型及其产状要素[107,108,114]。趋势面分析就是利用多元函数回归原理,通过计算数学曲面来拟合观测数据中区域性变化的趋势,然后进一步将数学曲面拟合值与实际观测值之间做差值处理,剩余残差部分就可以反映出局部的异常变化。其中,利用趋势面拟合值绘制的地层整体趋势变化图叫趋势面图,利用剩余残差绘制的图形称作残差图。

对于煤层小构造预测来说,趋势面回归模型可以选择多项式计算模型,用于计算多项式的最高次数称趋势面次数。随着趋势面次数的提高,其对空间观测趋势的逼近程度也越来越高,不同次数多项式趋势面数学计算模型如表 4-2 所示。

表 4-2 趋势面分析法相关数学方程

次数	数学表达式	系数个数
1	$\hat{z}=b_0+b_1x+b_2y$	3
2	$\hat{z}=b_0+b_1x+b_2y+b_3x^2+b_4xy+b_5y^2$	6
3	$\hat{z}=b_0+b_1x+b_2y+b_3x^2+b_4xy+b_5y^2+b_6x^3+b_7x^2y+b_8xy^2+b_9y^3$	10
...	...	...
n	$\hat{z}=b_0+b_1x+b_2y+\cdots+b_ny^n$	$(n+1)(n+2)/2$

(1) 小断层产状参数判别

对于走向断层来说,煤层底(顶)板等高线在断层带逐渐由平滑向密集过渡,趋势面残差图表现为单一零等值线,而正负残差分布于零值线两侧。

对于倾向断层,煤层底(顶)板等高线在断层带会发生弯曲,呈台阶状跳跃,而趋势面残差图特征与走向断层类似。

斜交断层偏差图上的表现兼有走向断层和倾向断层的特点,趋势面残差图零等值线也会发生弯折。

断层一次趋势面残差图中正、负异常带中最大值与最小值之差即表示断层的落差,零等值线走向代表了断层的走向,与之垂直的便是倾向。

(2) 小褶曲产状参数判别

和断层趋势面残差图中单一零等值线分布不同,小褶曲趋势面残差图是由多条零等值线组成的,正负残差分布于其中,趋势面残差图中正偏差是褶曲的背斜部位,负偏差是褶曲的向斜部位。另外,褶曲底(顶)板等高线特征也与断层明显不同,可以借助这些特征来区分断层与褶曲构造。

对于褶曲来说,一次趋势面残差图中正残差值为背斜的隆起幅度,负残差值为向斜的下凹幅度,正负残差平面距离代表了半个褶曲波长,零等值线的延伸方向就是褶曲轴的走向。

4.3.4.3 煤厚等值线图

地质构造往往导致煤层厚度发生局部变化,因此,煤层厚度变化也可以作为煤层地质构造分析的重要依据。

在实际预测过程中,需要注意区分沉积成因的煤层厚度变化与构造成因的煤厚异变。一般来说,地质构造引起的煤层变化通常具有突变性和局部性,多分布在褶曲轴或断层带附近,变薄和变厚区相间分布,且常常有定向排列;而煤层由于沉积作用形成的煤厚变化往往波及范围广,具有区域性分布趋势。

另外,如果是地质构造引起的煤层厚度变化,地质构造附近往往是多项预测指标共同存在,趋势面残差图、瓦斯动力现象均可以侧面说明煤层厚度变化是地质构造所造成的。

4.3.4.4 瓦斯动力现象

存在地质构造的区域,往往是应力集中区和煤层的挤压剪切破坏带,在这类区域施工瓦斯抽采钻孔容易出现瓦斯动力现象。根据现场施工经验,常见的动力现象以夹钻、顶钻、喷孔和瓦斯涌出异常为主[109]。因此,可以将这些现象作为预测煤层地质构造的辅助依据。

在瓦斯抽采工程施工过程中,对各类瓦斯动力现象发生的次数和严重程度等信息做好记录,通过量化处理,可以得到各个抽采钻孔瓦斯动力现象量化指标数据,如表 4-3 所示。

表 4-3 瓦斯动力现象量化表

动力现象	界定范围	量化指标	危险程度
喷孔	0 次	0	安全
	1~2 次	0.5	轻微
	3~5 次	1.5	中等
	6 次以上	3	严重
钻孔瓦斯涌出异常	巷道瓦斯小于 0.1%	0	安全
	巷道瓦斯大于 0.1%	2.5	轻微
	巷道瓦斯大于 0.5%	5	中等
	巷道瓦斯大于 1%	8	严重
夹钻	进杆顺利	0	安全
	无法进杆	1	严重
顶钻	进杆顺利	0	安全
	阻力增大	2	严重

将瓦斯动力现象量化后通过相关绘图软件处理分析,就可以绘制不同钻孔施工地点瓦斯动力现象空间分布特征(图 4-19),再结合其他预测图件,就可以对该地是否存在隐伏小构造做出综合判断。

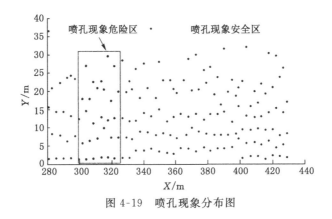

图 4-19 喷孔现象分布图

4.4 煤层小构造预测系统开发

在进行煤矿小构造预测过程中,如果将钻孔数据和计算结果以用户界面功能交互式表达,可以减少预测过程繁重的数据处理工作量,能够大幅度提高预测精度,也为这一技术在现场推广应用提供便利条件。

4.4.1 预测系统框架设计

从煤层小构造预测功能需求出发,要想实现整个预测系统体系的完整功能,必须对整个系统中每一个环节进行设计,具体包括每个环节的基本数学原理、技术路线框架和计算机程序语言程序的设计。煤层小构造用户界面开发技术体系整体设计思路如图 4-20 所示。

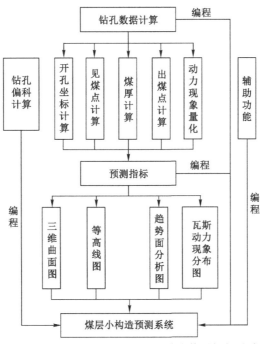

图 4-20 煤层小构造预测系统技术体系框架设计

4.4.2 预测系统程序设计

MATLAB 是一款功能强大的大型开发软件,包括开发环境、数据库函数、MATLAB 语言、图形的处理以及程序的二次开发五个基本模块[111,115]。由于软件友好的用户界面交互式功能、简单的编程环境和强大的运算分析功能,在各个理论研究与工程领域取得了极为广泛的应用。根据瓦斯抽采钻孔预测煤层小构造的基本原理,采用 MATLAB 语言对预测功能各个环节进行了语言编程实现。

(1) 钻孔开孔坐标计算编程

钻孔开孔位置的计算主要是采用测量的方式来记录钻孔的开孔坐标。首先需要确定一个空间相对坐标系。在施工瓦斯抽采钻孔的过程中,通过测量工具来测量每一个钻孔的开孔位置。一般来说,钻孔开孔都是按设计来施工的,如果实际的开孔点和设计的开孔点误差不大的话,可以通过设计图计算求出。该过程技术路线如图 4-21 所示。

图 4-21　钻孔开孔坐标计算技术路线图

源程序:

```
Clear%开孔坐标的存储与读取;
[NUM]=xlsread('data','Sheet1');
D=[];
D=[D NUM];
a=D(:,1);b=D(:,2);c=D(:,3);d=D(:,4);e=D(:,5);f=D(:,6);g=D(:,7);h=D(:,8);
i=D(:,9);j=D(:,10);k=D(:,11);
xlswrite('C:\Users\Administrator\Documents\MATLAB\data.xls',i,'Sheet2','I');
xlswrite('C:\Users\Administrator\Documents\MATLAB\data.xls',j,'Sheet2','J');
xlswrite('C:\Users\Administrator\Documents\MATLAB\data.xls',k,'Sheet2','K');%
开孔坐标的输入;
```

(2) 煤层顶、底板坐标计算编程

钻孔穿过煤层顶板和底板时,见煤点和出煤点三维坐标的计算,是该预测系统的主要部分,因为数据的准确性是影响预测结果的直接因素。首先要确定钻孔的轨迹,实际计算是将钻孔看作直线模型,然后根据钻孔、底抽巷和煤层三者之间的几何关系,求取见煤点和出煤点三维坐标。该过程如图 4-22 所示。

图 4-22　技术路线图

源程序:

```
clear
[NUM]=xlsread('data','Sheet1');
```

```
D=[];
D=[D NUM];
a=D(:,1);b=D(:,2);c=D(:,3);d=D(:,4);e=D(:,5);f=D(:,6);g=D(:,7);h=D(:,8);
i=D(:,9);j=D(:,10);k=D(:,11);
X1=a;Y1=-cos(d.*pi/180).*f+j;Z1=sin(d.*pi/180).*f+k;
xlswrite('C:\Users\Administrator\Documents\MATLAB\data.xls',X1,'Sheet2','L');
xlswrite('C:\Users\Administrator\Documents\MATLAB\data.xls',Y1,'Sheet2','M');
xlswrite('C:\Users\Administrator\Documents\MATLAB\data.xls',Z1,'Sheet2','N');%
见煤点坐标计算;
clear
[NUM]=xlsread('data','Sheet1');
D=[];
D=[D NUM];
a=D(:,1);b=D(:,2);c=D(:,3);d=D(:,4);e=D(:,5);f=D(:,6);g=D(:,7);h=D(:,8);
i=D(:,9);j=D(:,10);k=D(:,11);
X1=a;Y1=-cos(d.*pi/180).*h+j;Z1=sin(d.*pi/180).*h+k;
xlswrite('C:\Users\Administrator\Documents\MATLAB\data.xls',X1,'Shcct2','O');
xlswrite('C:\Users\Administrator\Documents\MATLAB\data.xls',Y1,'Sheet2','P');
xlswrite('C:\Users\Administrator\Documents\MATLAB\data.xls',Z1,'Sheet2','Q');%
出煤点坐标计算;
```

（3）煤层厚度计算编程

在煤矿生产阶段,根据已知资料就可以确定煤层倾角。按前文介绍的方法先求得煤层点的三维坐标,然后根据钻孔和煤层之间的关系求得煤层在各钻孔处的厚度。该过程如图4-23所示。

图 4-23　煤层厚度计算技术路线图

源程序:

```
clear
[NUM]=xlsread('data','Sheet2');
D=[];
D=[D NUM];
a=D(:,1);b=D(:,2);c=D(:,3);d=D(:,4);e=D(:,5);f=D(:,6);g=D(:,7);h=D(:,8);
i=D(:,9);j=D(:,10);k=D(:,11);l=D(:,12);m=D(:,13);n=D(:,14);o=D(:,15);p=D(:,16);
q=D(:,17);
qj=xlsread('data','Sheet1','l3');
d=d+qj;
d;
r=sqrt((l-o).^2+(m-p).^2+(n-q).^2);
mh=r.*sin(d.*pi/180);
```

```
lmin＝min(l);
lmax＝max(l);
mmin＝min(m);
mmax＝max(m);
[L,M,MH]＝griddata(l,m,mh,linspace(lmin,lmax)',linspace(mmin,mmax)','v4');%
figure(7),contour(MH,15);
xlabel('X(m)'),ylabel('Y(m)'),zlabel('Z(m)');%坐标轴标签;
title('煤层等厚线')
```

（4）钻孔偏斜计算编程

该部分技术体系是根据钻孔的参数先计算出直线模型的控制点坐标,然后用测斜仪测得控制点的坐标,对两组数据进行比较,求出钻孔的偏斜量。具体框架如图 4-24 所示。

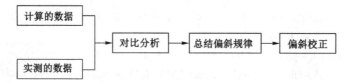

图 4-24　钻孔偏斜计算技术路线图

源程序

```
%钻孔误差校正
clear
[NUM]＝xlsread('data','Sheet3');
D＝[];
D＝[D NUM];
a＝D(:,1);b＝D(:,2);c＝D(:,3);d＝D(:,4);e＝D(:,5);f＝D(:,6);g＝D(:,7);h＝D(:,8);
i＝D(:,9);j＝D(:,10);
x1＝d;x2＝e;y＝i;z＝j;
cftool(x1,y);%不同孔深下左右偏斜分析;
clear
[NUM]＝xlsread('data','Sheet3');
D＝[];
D＝[D NUM];
a＝D(:,1);b＝D(:,2);c＝D(:,3);d＝D(:,4);e＝D(:,5);f＝D(:,6);g＝D(:,7);h＝D(:,8);
i＝D(:,9);j＝D(:,10);
x1＝d;x2＝e;y＝i;z＝j;
cftool(x1,z);%不同孔深下上下偏斜分析;
clear
[NUM]＝xlsread('data','Sheet3');
D＝[];
D＝[D NUM];
a＝D(:,1);b＝D(:,2);c＝D(:,3);d＝D(:,4);e＝D(:,5);f＝D(:,6);g＝D(:,7);h＝D(:,8);
i＝D(:,9);j＝D(:,10);
```

```
x1＝d;x2＝e;y＝i;z＝j;
cftool(x2,y);%不同角度下左右偏斜分析;
clear
[NUM]＝xlsread('data','Sheet3');
D＝[];
D＝[D NUM];
a＝D(:,1);b＝D(:,2);c＝D(:,3);d＝D(:,4);e＝D(:,5);f＝D(:,6);g＝D(:,7);h＝D(:,8);
i＝D(:,9);j＝D(:,10);
x1＝d;x2＝e;y＝i;z＝j;
cftool(x2,z);%不同角度情况下的上下偏斜分析;
```

4.4.3 预测系统功能实现

利用 MATLAB 软件提供的 GUI 设计工具,最终成功开发了界面交互式、多功能集成的煤层小构造预测系统。

煤层小构造预测系统总界面如图 4-25 所示。系统界面总共由四大部分组成:菜单栏、绘图区、工具栏和图形属性区。预测系统整体界面较为简洁,功能齐全,便于快速上手操作,通过鼠标点击相应的指令便会产生回应,能够满足工程现场对煤层小构造预测的需要。

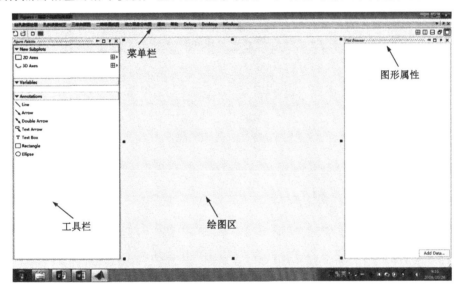

图 4-25　煤层小构造预测系统总界面图

菜单栏包括钻孔数据处理、孔斜误差校正、三维曲面图绘制、二维等值线图绘制、动力现象和其他辅助性的功能菜单。绘图区主要是指生成的图形呈现的部分区域。图形属性区可以查看图形的大小、颜色、角度和其他属性,也可以根据显示需要对图形属性特征进行修改完善。工具栏主要是指绘图工具和添加文本框工具等,主要是对图形的后处理加工等。

在预测系统界面的下方可以同时打开多个视图窗口(图 4-26),其中煤层小构造预测窗口是一个基础窗口,其他窗口则是预测结果分析窗口或数据误差分析窗口,不同的窗口叠放在同一个界面中,通过点击界面下方图标实现不同窗口之间的切换,十分方便。

钻孔数据处理包含四个方面的内容(图 4-27),分别是钻孔开孔坐标的计算、见煤点坐

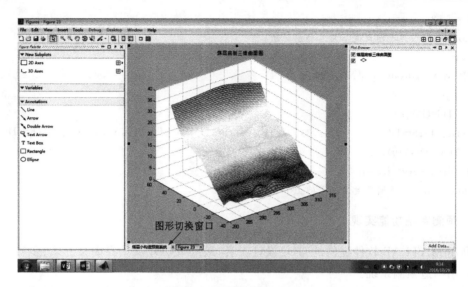

图 4-26　预测系统界面窗口

标的计算、出煤点坐标的计算以及钻孔施工动力现象量化处理,其中动力现象又包括喷孔、夹钻、顶钻和钻孔瓦斯涌出异常四个指标。

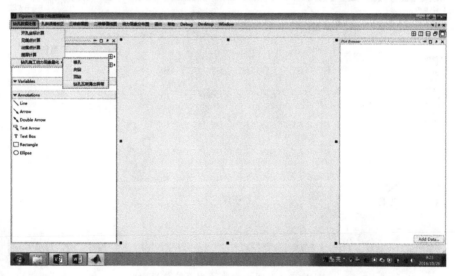

图 4-27　钻孔数据处理界面

　　钻孔数据处理主要实现的是预测系统基础数据的计算,是根据各自的数学原理,编制相应的回调程序,实现钻孔基础数据的计算,并将计算结果保存在系统指定的数据库中。考虑到统一操作问题,这里数据保存一律采用.xls 格式。为了便于不同人群对该系统的使用,将该部分设计力求简单。为了保证程序能够顺利运行,要求钻孔数据记录的方式必须严格按照系统设定的方式来记录,.xls 中每一列对应着钻孔的不同参数。另外,要求钻孔数据要按要求保存在设定的路径上。如果数据记录发生错误或保存路径发生错误,就有可能造成计算出的钻孔基础数据是错误的,或者软件由于找不到数据路径而无法正常运行。

由于影响钻孔误差因素是多方面的,预测过程中需要对钻孔误差做出分析,确定抽采钻孔误差存在的类型及修正或剔除方法,以便提高瓦斯抽采数据的精确性。对于钻孔偏斜造成的误差,首先根据钻孔测斜数据总结 x 向、y 向、z 向偏斜量,然后对计算的钻孔见煤点坐标、出煤点坐标进行各个方向的误差校正。预测系统钻孔误差校正功能如图 4-28 所示。

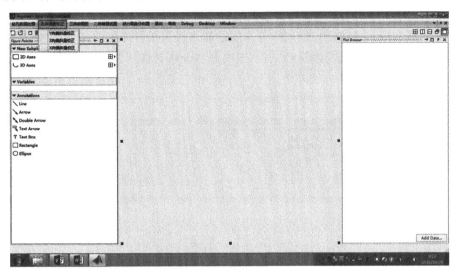

图 4-28　误差分析界面

具体来说,误差分析就是根据钻孔偏斜数据绘制出钻孔在不同方向的偏斜规律曲线,通过对偏斜曲线进行分析,总结出钻孔在不同方向上的偏斜参数,然后基于这种偏斜规律对剩余钻孔进行偏斜误差的校正或筛选。同样,也可以将分析结果保存到任意所需要的位置,处理结果尽量分两次保存,第一次保存成图片的格式,第二次保存成 fig 的格式,这种保存方式的好处是,若要在原来的基础上继续分析,就可以直接打开 fig 文件即可,无须再从头分析,提高预测效率。

三维曲面图包括两个部分(图 4-29),分别是煤层底板三维曲面图和煤层顶板三维曲面

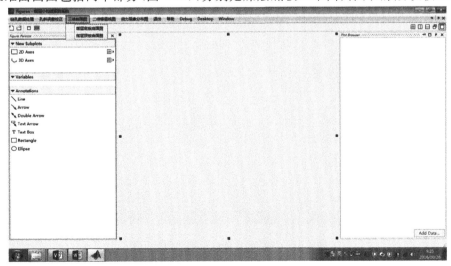

图 4-29　三维曲面图绘制界面

图。通过生成的三维曲面图能够形象、直观地发现地质异常现象,从而对煤层地质异常分布做出初步直观判断。每一个分析指标均会生成独立的页面窗口,每个窗口都具有相同的工具,可以将分析结果保存到计算机任意的位置。这里图形处理结果的保存和上面数据误差分析一样,可以保存成图片和 fig 文件两种格式,便于以后查看操作。

二维等值线图是小构造类型及参数判别的重要分析指标,包括等高线图、趋势面分析图。其中,等高线图具体包括煤层底板等高线图和煤层顶板等高线图,趋势面分析图具体包括煤层顶板一次趋势分析、二次趋势分析、三次趋势分析和煤层底板一次趋势分析、二次趋势分析、三次趋势分析,每一次趋势分析均生成相应的趋势面分析图及残差图(图 4-30、图 4-31)。

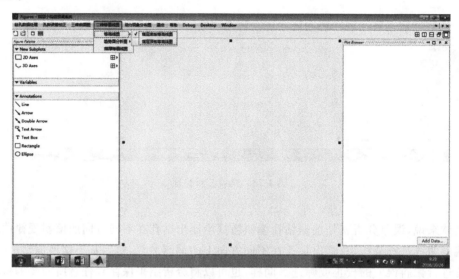

图 4-30 煤层顶板和底板等高线图界面

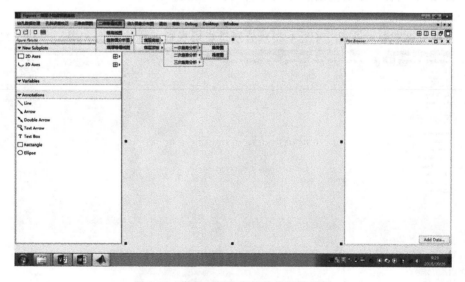

图 4-31 煤层顶板和底板趋势面分析图

预测系统可以进行一次、二次和三次趋势面分析操作。一般来说,次数越高,失真性越大,所以不建议次数太高。根据以往处理的经验,一般三次趋势面分析就能满足我们的需要,分析结果应该保存成两种格式。

另外,预测系统还提供了辅助预测指标,主要是通过绘制钻孔喷孔、顶钻、夹钻、瓦斯涌出异常分布图,从而进一步对煤层小构造的存在做出辅助性分析和判断,通过多指标综合预测以提高预测效率(图4-32)。

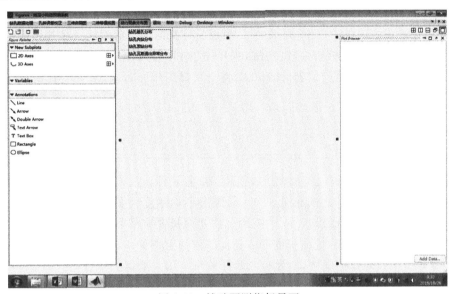

图 4-32　辅助预测指标界面

除了上面介绍的主要功能之外,预测系统还具有基本的系统辅助命令菜单,以方便用户实现对操作功能的自助查询和设置功能(图4-33)。

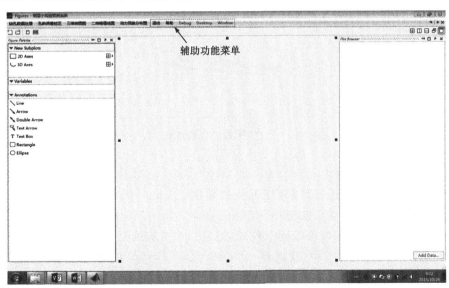

图 4-33　辅助功能菜单界面

此外,在使用该系统时,要注意将数据保存在设定的位置,否则无法读取钻孔数据。另外,在打开该系统时,首要操作就是点击钻孔数据处理的每一项,生成后续预测图件全部基础数据,然后再操作其他功能选项。煤层小构造预测系统虽然能满足目前的需要,但仍有许多需要完善的地方,将会在以后的工程应用当中不断地改进完善。

4.5 应用实例

河南焦作煤田古汉山矿,目前开采的二₁煤层具有瓦斯突出危险性。矿井目前生产能力达到 1.2 Mt/a,具有完整独立的通风系统,采用主、副井进风,东翼和西翼风井回风的混合式通风方式。本节以该矿的 14171 和 16021 两个采煤工作面为例,来说明利用瓦斯抽采钻孔预测煤层小构造的方法。

4.5.1 煤层小断层预测

(1)抽采工程概况

14171 采煤工作面位于二₁煤层 14 采区东翼下部,井下标高最高 −336 m,最低 −391 m,地面标高最高 +98 m,最低 +96 m,煤层平均厚度为 4.80 m,平均倾角为 16°,走向为 N31°~44°,倾向为 N121°~134°。采用分层走向长壁综采采煤工艺,上分层平均采高 3 m。工作面倾向长度 123 m,走向长度 592 m。工作面上部为 14151 采空区,下部区域尚未开采,东为 F1414 断层保护煤柱,西为一四延深胶带下山大巷保护煤柱,工作面空间布局如图 4-34 所示。

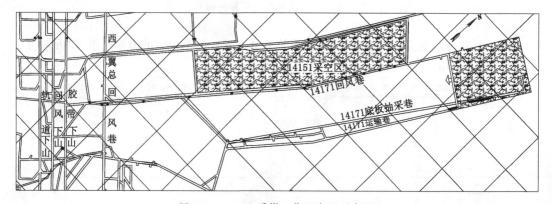

图 4-34　14171 采煤工作面布置示意图

14171 工作面煤层瓦斯原始含量为 24.44 m³/t,采用底抽巷穿层钻孔配合顺煤层钻孔预抽本煤层瓦斯。工作面开采前共施工瓦斯抽采钻孔 5 025 个,钻孔总长度为 273 581 m,吨煤钻孔量为 0.499 m,预抽后实测残余瓦斯含量在 3.35~7.93 m³/t 之间。

14171 底板抽采巷位于煤层底板中粒砂岩层内,与工作面运输巷垂距 10~16 m,巷道断面为半圆拱,采用锚网喷支护,巷宽 $B=4.2$ m,巷高 $H=3.6$ m,断面面积 $S=13.69$ m²,巷道标高为 −397.28~−395.166 m,直巷段走向长 668 m,巷道切眼段长度为 33 m,在巷道切眼迎头两帮各设计一个钻场施工钻孔。由于底抽巷与 14171 运输巷水平间距存在一定变化,为了确保抽采有效控制 14171 运输巷巷道以外不小于 30 m,穿层抽采钻孔进行了分段设计,共分为 11 段(AB、BC、CD、DE、EF、FG、GH、HI、IJ、JK、KL),如图 4-35 所示。

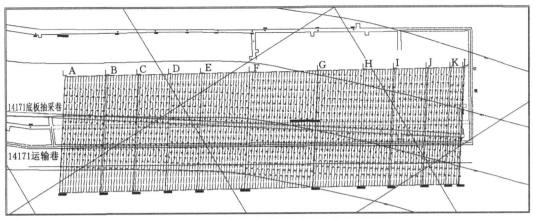

图 4-35   14171 底抽巷瓦斯抽采钻孔设计平面图

根据钻孔布置方式及现场获取抽采钻孔施工数据的完整程度,选择 AB、BC、CD、DE 四段作为研究区域,其统尺 AB 段为 280~328 m,BC 段为 328~362 m,CD 段为 362~397 m,DE 段为 397~432 m。

在底抽巷设计穿层抽采钻孔,每组穿层抽采钻孔 14 个,每组分两列布置,奇数列 7 个钻孔,偶数列 6 个钻孔,奇数列和偶数列之间打 1 个补孔,列间距为 3 m,组间距 6 m(图 4-36)。

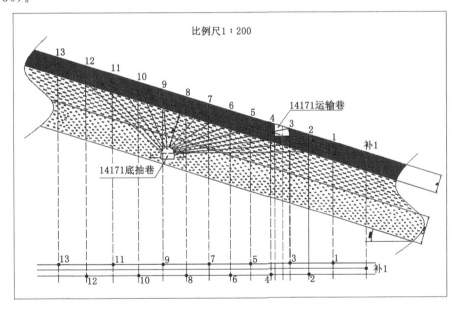

图 4-36   底抽巷 14171 钻孔剖面图

每个抽采钻孔的开孔位置具体设计布置及设计参数如图 4-37 所示,钻孔倾角是将钻孔下帮水平线作为基线,施工的每一个钻孔的终孔位置穿过煤层段的长度都应当大于 0.5 m。

(2)瓦斯抽采钻孔数据观测与处理

瓦斯抽采钻孔开孔坐标参数、现场施工记录参数如表 4-4 和表 4-5 所示。

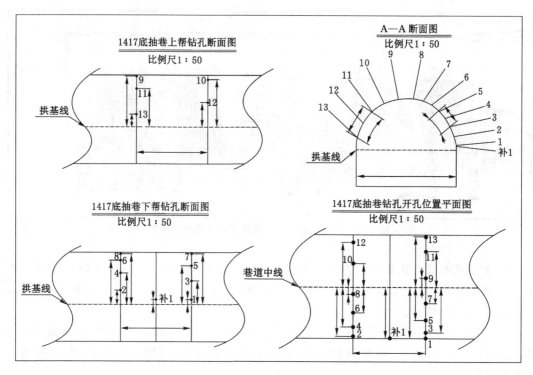

图 4-37　14171 底抽巷钻孔开孔参数设计图

表 4-4　14171 底抽巷钻孔开孔坐标数据

统尺/m	现在孔号	设计孔号	开孔位置/m		
			x	y	z
281	520	1	281	−2.08	1.7
281	521	3	281	−1.86	2.46
281	522	5	281	−1.36	3.08
281	523	7	281	−0.68	3.56
281	524	9	281	0.36	3.55
281	525	11	281	1.43	3.03
281	526	13	281	2.04	2
283	527	2	283	−2.01	2.09
283	528	4	283	−1.64	2.79
283	529	6	283	−1.04	3.3
283	530	8	283	−0.3	3.56
283	531	10	283	0.93	3.41
283	532	12	283	1.81	2.5
……	……	……	……	……	……
424.5	934	8	424.5	0.36	3.57
424.5	935	10	424.5	1.25	3.19

表 4-4(续)

统尺/m	现在孔号	设计孔号	开孔位置/m		
			x	y	z
424.5	936	12	424.5	1.87	2.46
426.6	937	1	426.6	−2.04	1.7
426.6	938	3	426.6	−1.8	2.58
426.6	939	5	426.6	−1.16	3.24
426.6	940	7	426.6	−0.3	3.57
426.6	941	9	426.6	0.82	3.43
426.6	942	11	426.6	1.6	2.86
426.6	943	13	426.6	2.04	2
429	944	2	429	−2.01	2.15
429	945	4	429	−1.52	2.94
429	946	6	429	−0.75	3.46
429	947	8	429	0.36	3.57
429	948	10	429	1.25	3.19
429	949	12	429	1.87	2.46

表 4-5　14171 底抽巷钻孔施工数据

统尺/m	现在孔号	原来孔号	倾角/(°)	夹角/(°)	岩孔段/m	煤孔段/m	合计/m
281	521	3	12	90	22	8	30
281	522	5	26	90	16	8	24
281	523	7	53	90	13	7	20
281	524	9	94	90	16	9	25
281	525	11	126	90	24	14	38
281	526	13	140	90	45	15	60
283	527	2	9	90	27	10	37
283	528	4	19	90	20	8	28
283	529	6	36	90	15	7	22
283	530	8	74	90	13	7	20
283	531	10	114	90	18	8	26
283	532	12	135	90	27	14	41
……	……	……	……	……	……	……	……
424.5	934	8	100	90	10	8	18
424.5	935	10	123	90	12	11	23
424.5	936	12	139	90	29	13	42
426.6	937	1	8	90	21	14	35
426.6	938	3	19	90	13	11	24
426.6	939	5	38	90	12	8	20

表 4-5(续)

统尺/m	现在孔号	原来孔号	倾角/(°)	夹角/(°)	岩孔段/m	煤孔段/m	合计
426.6	940	7	93	90	8	8	16
426.6	941	9	114	90	11	8	19
426.6	942	11	134	90	18	16	34
426.6	943	13	144	90	30	16	46
429	944	2	14	90	19	9	28
429	945	4	28	90	12	8	20
429	946	6	52	90	8	7	15
429	947	8	99	90	9	9	18
429	948	10	123	90	13	11	24
429	949	12	139	90	20	14	34

依据设计的钻孔参数,在底抽巷相应的位置进行施工标记,然后按照设计参数施工,通过对井下施工的瓦斯抽采钻孔进行抽查检验测量,发现施工钻孔与设计的参数的偏差在误差允许之内,对本方法预测小构造所造成的影响非常小,可以忽略不计。另外,针对一小部分钻孔因各种原因造成与设计钻孔存在较大误差的,在施工记录过程中做出了标记,这一部分钻孔所占比例也非常小,在实际钻孔计算的过程中,可以筛选出来,直接进行剔除。

由于缺少瓦斯抽采钻孔偏斜测试数据,无法对瓦斯抽采钻孔因钻进偏斜造成的误差进行校正。因此,本次计算使用的瓦斯抽采钻孔数据以原始记录施工参数为主,在绘图过程中,对于个别孤立的钻孔数据点直接给予剔除,不参与预测图件生成。

(3)预测结果及分析

将搜集到的 14171 采煤工作面穿层瓦斯抽采钻孔现场施工数据保存在相应的路径中,启动煤层小构造预测系统对钻孔数据进行处理。首先进行瓦斯抽采钻孔见煤点三维坐标、出煤点三维坐标的计算,待计算完成后自动进行保存。点击相应的功能菜单,分别生成煤层底板三维曲面图、煤层底板等高线图、煤层底板等高线三次趋势图、煤层底板等高线三次残差图和煤层厚度等值线图。

该预测区段位于 14171 工作面统尺 280~430 m 处,在煤层底板三维曲面图(图 4-38)上可以看出,煤层整体分布还是比较平滑的,但有一处却有明显的标高变化,根据以往异常区在三维模型中上凸下凹的起伏分布特点,在图中圈出了异常区域(AB、CD 线)。

从煤层底板等高线图(图 4-39)可以看出,该段煤层底板等高线整体上较为整齐,但有一处出现了由平缓变得密集,且具有方向性,该位置与煤层底板曲面图所圈的异常位置是基本上对应的。因此,可以初步判断该区段可能有地质构造存在。

根据煤层底板等高线三次趋势图(图 4-40),可以容易求出煤层的走向、倾向和倾角等煤层产状参数。根据三次趋势面残差图(图 4-41)还可以发现,该处地质异常存在单一零等值线,正负残差分布于零等值线两侧,符合小断层的趋势面残差分布特征。其中,残差异常带的走向代表了断层的走向(图中箭头所指的方向为正北 N),可以计算得出断层走向为 N45°W。该断层落差可以根据断层两侧的正负残差值之差来确定,可以计算断层的落差为 1.5 m 左右,延伸长度为 20 m 左右。

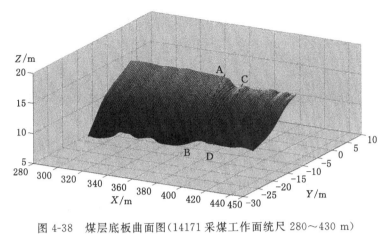

图 4-38　煤层底板曲面图(14171 采煤工作面统尺 280～430 m)

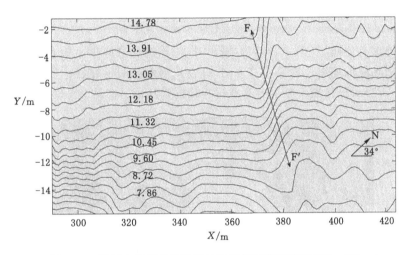

图 4-39　煤层底板等高线图(14171 采煤工作面统尺 280～430 m)

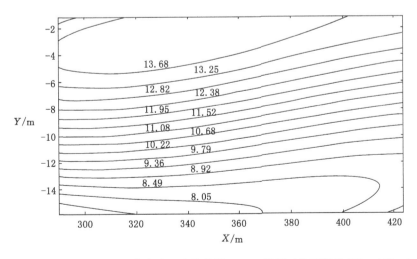

图 4-40　煤层底板等高线三次趋势图(14171 采煤工作面统尺 280～430 m)

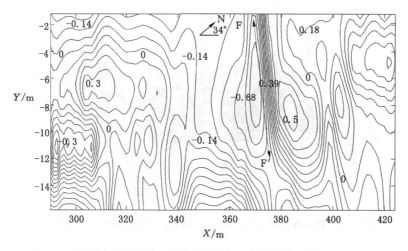

图 4-41　煤层底板等高线三次残差图(14171 采煤工作面统尺 280～430 m)

根据煤层厚度等值线图(图 4-42)可以看出,该工作面煤层厚度大致在 5～6 m,煤厚异变区域大致与所预测的构造位置是相符合的,这也从侧面说明了存在地质构造的区域煤厚有变化的事实,可以对该区域小断层的存在进行辅助判断。

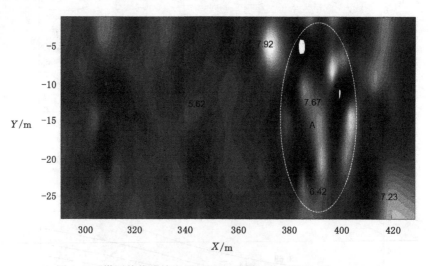

图 4-42　煤厚等值线填充图(14171 采煤工作面统尺 280～430 m)

通过以上分析可以预测,在 14171 采煤工作面统尺范围 360～390 m、倾向上距离运输巷 35 m 处可能发育一条走向 N45°W、落差 1.5 m 左右的小断层。

(4)现场开采验证

现场揭露情况表明,在工作面统尺 350～370 m、靠近运输巷 30 m 处确实存在一条小断层,断层延伸长度 30 m,倾向 N,落差在 1 m 左右,与预测基本相符。

4.5.2　煤层小褶曲预测

(1)瓦斯抽采工程概况

16021 采煤工作面位于 16 采区西翼,标高最高－394 m,最低－525 m,工作面上部为 14181 工作面采空区,下部为未采区域,东为大巷保护煤柱,西为界碑断层保护煤柱(图 4-43)。

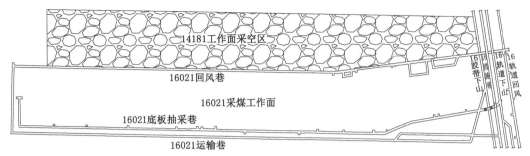

图 4-43 16021 采煤工作面布置示意图

煤层平均厚度为 5.5 m,煤层倾角为 14°,采用分层走向长壁综采采煤工艺,上分层平均采高为 3 m,工作面倾向长度为 135 m,走向长度为 710 m,煤炭储量为 92 万 t,煤层原始瓦斯含量为 25 m³/t。采用底抽巷穿层钻孔配合顺煤层钻孔抽采瓦斯。底板抽采巷位于二₁煤层底板砂岩层内,与 16021 工作面底板距离为 10～16 m,底抽巷走向长度为 1 021 m,切眼段巷道长度为 6 m,巷道断面为半圆拱形,采用两种规格断面设计,外段巷道宽 $B=4.2$ m,巷道高 $H=3.5$ m,断面面积 $S=12.58$ m²,里段巷道宽 $B=3.6$ m,巷道高 $H=3.3$ m,断面面积 $S=10.49$ m²,在巷道迎头两帮施工瓦斯抽采钻孔预抽煤层瓦斯。

按照矿井瓦斯抽采效果与行业标准规定[5,116],瓦斯抽采钻孔施工过程中控制 16021 运输巷两侧煤层距离不小于 30 m,采用 3 段进行设计施工(统尺 0～480 m 为 AB 段,统尺 481～720 m 为 BC 段,统尺 721～1 020 m 为 CD 段),各个钻孔的终孔位置穿煤层长度大于 0.5 m,钻孔控制机巷下帮轮廓线外 30 m,上帮轮廓线外 70～83 m,沿煤层倾向方向控制 100～113 m。

根据 16021 底抽巷实际地质条件,结合抽采钻孔对煤层的控制情况,将 16021 底抽巷施工钻孔的设计分为三段:统尺 0～480 m 为 AB 段,统尺 481～720 m 为 BC 段,统尺 721～1 020 m 为 CD 段。该工作面研究区域是 BD 段,且以 B 点为起点。

每个抽采钻孔的开孔位置具体设计布置及设计参数详见图 4-44 和图 4-45。其施工原

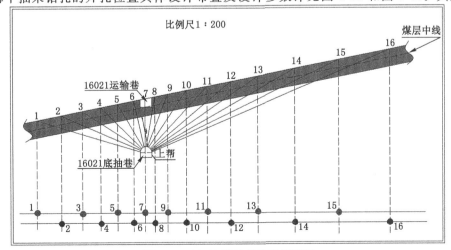

图 4-44 16021 底抽巷钻孔剖面图

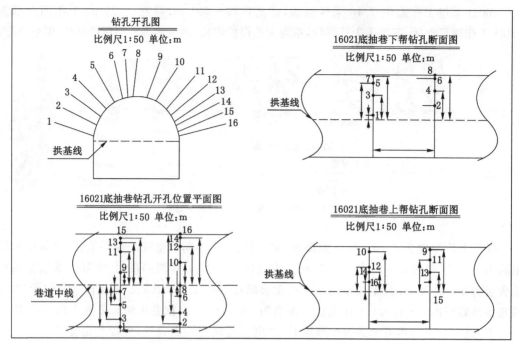

图 4-45　16021 底抽巷钻孔开孔参数设计图

则与 14171 工作面基本一致。

（2）瓦斯抽采钻孔数据观测与处理

依据设计钻孔的参数，在底抽巷相应的位置做上标记，然后按照标记施工，通过对井下施工的瓦斯抽采钻孔进行抽查检验测量，发现施工钻孔与设计钻孔的参数偏差在误差允许之内，对本方法预测小构造所造成的影响非常小，可以忽略不计。瓦斯抽采钻孔开孔坐标参数和现场施工记录参数如表 4-6、表 4-7 所示。

表 4-6　16021 底抽巷钻孔开孔坐标数据

统尺/m	现在孔号	设计孔号	x/m	y/m	z/m
0	642	3	0	1.7	2.8
0	643	5	0	1.1	3.3
0	644	7	0	0.2	3.6
0	645	9	0	−0.6	3.5
0	646	11	0	−1.4	3.1
0	647	13	0	−1.9	2.4
2.5	648	2	2.5	1.9	2.4
2.5	649	4	2.5	1.4	3.1
2.5	650	6	2.5	0.6	3.5
2.5	651	8	2.5	−0.2	3.6
2.5	652	10	2.5	−1.1	3.3
2.5	653	12	2.5	−1.7	2.8

表 4-6(续)

统尺/m	现在孔号	设计孔号	x/m	y/m	z/m
2.5	654	14	2.5	−2.1	2
5	656	3	5	1.7	2.8
5	657	5	5	1.1	3.3
……	……	……	……	……	……
676.2	2 822	8	672.5	−0.2	70.22
672.5	2 823	10	672.5	−1.1	69.92
672.5	2 824	12	672.5	−1.7	69.42
672.5	2 825	14	672.5	−2.1	68.62
675	2 827	1	675	2.1	68.75
675	2 828	3	675	1.7	69.55
675	2 829	5	675	1.1	70.05
675	2 831	9	675	−0.6	70.25
675	2 832	11	675	−1.4	69.85
675	2 833	13	675	−1.9	69.15
677.5	2 835	2	677.5	1.9	69.28
677.5	2 836	4	677.5	1.4	69.98
677.5	2 837	6	677.5	0.6	70.38
677.5	2 839	10	677.5	−1.1	70.18
677.5	2 840	12	677.5	−1.7	69.68
677.5	2 841	14	677.5	−2.1	68.88

表 4-7　16021 底抽巷钻孔施工数据

统尺/m	现在孔号	原来孔号	倾角/(°)	夹角/(°)	岩孔段/m	煤孔段/m	合计/m
0	642	3	38	90	21.5	13.5	35
0	643	5	50	90	14	10	24
0	644	7	75	90	9	7	16
0	645	9	123	90	9	7	16
0	646	11	151	90	12.5	9.5	22
0	647	13	165	90	19.5	13.5	33
2.5	648	2	35	90	25	16	41
2.5	649	4	44	90	16	11	27
2.5	650	6	59	90	10.5	8.5	19
2.5	651	8	100	90	8	6	14
2.5	652	10	141	90	12	8	20
2.5	653	12	160	90	16	11	27

表 4-7(续)

统尺/m	现在孔号	原来孔号	倾角/(°)	夹角/(°)	岩孔段/m	煤孔段/m	合计/m
2.5	654	14	168	90	22	15	37
……	……	……	……	……	……	……	……
675	2 828	3	30	90	16	10	26
675	2 829	5	57	90	10	7	17
675	2 831	9	110	90	10	7	17
675	2 832	11	130	90	13	10	23
675	2 833	13	142	90	20	11	31
677.5	2 835	2	21	90	22	14	36
677.5	2 836	4	42	90	12	10	22
677.5	2 837	6	74	90	9	7	16
677.5	2 839	10	121	90	11	8	19
677.5	2 840	12	137	90	17	9	26
677.5	2 841	14	148	90	24	12	36

（3）预测结果及分析

选取 16021 工作面的 0～350 m 区段作为预测区域。现场施工过程中的钻孔开孔点位置与设计参数偏差很小，不影响预测图形生成效果，以钻孔开孔位置设计参数代替施工参数进行绘图；另外，针对现场记录误差，根据绘图整体特征进行局部孤立点剔除。绘制的16021 工作面统尺 0～350 m 区段煤层底板三维曲面图、煤层底板等高线图、煤层底板趋势面残差图和煤层厚度等值线图如图 4-46 所示。

从煤层底板三维曲面图[图 4-46(a)]可以看出，煤层整体分布较平滑，但在统尺 150～250 m 区段有明显的标高变化；煤层底板等高线图[图 4-46(b)]在相同统尺区段也呈现等高线疏密相间的特征。结合煤层底板趋势面图和煤层底板趋势面残差图[图 4-46(c)]进一步分析，也可发现"零值—负值—零值—正值—零值"变化特征（AA′、CC′、EE′标志线），这种变化特征也符合小褶曲的残差判别标志[108]。同时，煤层厚度在统尺 150～250 m 处也出现增厚现象[图 4-46(d)]，煤层局部厚度达到 6 m，此处煤厚变化可能是由于地质构造所致[102]，可以辅助说明小褶曲的存在。此外，根据煤层底板等高线趋势面残差图[107,108]，还可以对小褶曲特征做进一步判断：小褶曲大致位于统尺 150～250 m 间，图 4-46(c)中 BB′、DD′线代表向斜和背斜轴，小褶曲波长在 100 m 左右，轴走向为 N58°W。

（4）现场开采验证

现场揭露情况表明，在 16021 采煤工作面统尺 160～280 m 之间，煤层顶、底板发生局部起伏变化，发育小褶曲构造（图 4-47）。小褶曲轴向为 N50°W，波长在 120 m 左右，大致沿工作面倾向延伸，与上文预测结果基本相符。由于提前采取了强化瓦斯治理措施，16021 采煤工作面安全通过小褶曲构造带，未发生瓦斯灾害。

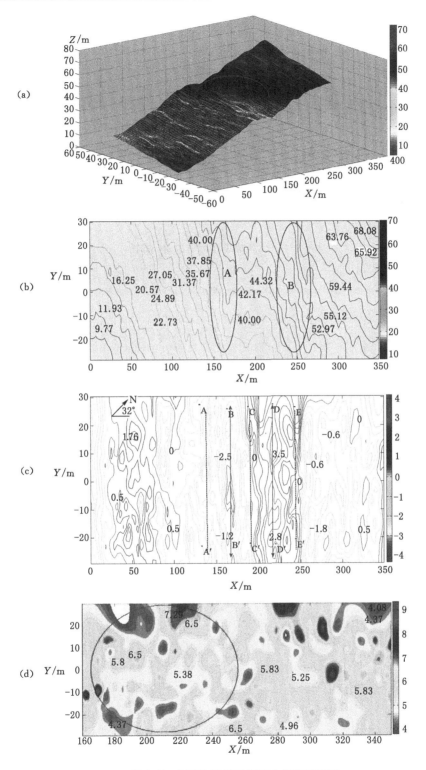

图 4-46　16021 采煤工作面小构造预测图

（a）煤层底板三维曲面图（工作面统尺 0~350 m）；（b）煤层底板等高线图（工作面统尺 0~350 m）；

（c）煤层底板趋势面残差图（工作面统尺 0~350 m）；（d）煤厚等值线图（工作面统尺 150~350 m）

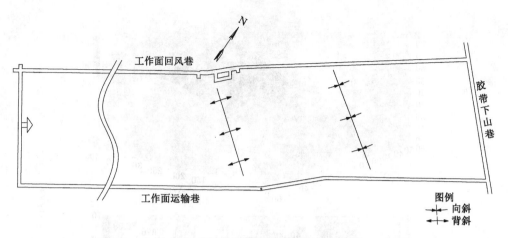

图 4-47　16021 采煤工作面小褶曲分布图

5 煤层裂隙观测和分析方法

煤层裂隙成因上分为原生裂隙和次生裂隙,规模上分为宏观裂隙和微观裂隙。原生宏观裂隙主要是割理(进一步分为面割理和端割理),次生宏观裂隙主要是节理。由于煤层宏观裂隙系统对煤层瓦斯抽采效率具有重要影响,因而,采煤工作面瓦斯地质研究也把煤层宏观裂隙系统研究作为重要内容。本章主要介绍煤层宏观裂隙观测与统计方法的研究成果。

5.1 研究意义

对煤层宏观裂隙研究的历史十分悠久,人们早已发现,在相同地质单元中,煤层宏观裂隙的发育具有一定的统计规律;煤层裂隙能够直接导致煤层渗透性各向异性。美国矿业局的资料显示,受煤层裂隙的影响,不同方向的煤层渗透率之比高达 17∶1,煤层气抽采量相差 3～10 倍[117]。我国煤矿井下瓦斯抽采试验表明,同一煤层不同方向的瓦斯抽采钻孔瓦斯抽采效率存在显著差异,垂直面割理方向的钻孔瓦斯极限抽采量是平行面割理方向钻孔的 2.6 倍,抽放率高出 4.3 倍[118,119]。

因而,对煤层宏观裂隙进行观测和统计分析,预测裂隙优势发育方位,有助于确定煤层渗透性和瓦斯渗流优势方向,进而可以优化煤层瓦斯抽采钻孔设计和提高抽采效率。然而,借助于罗盘等工具对煤层裂隙测量的传统方法,费力耗时,而且受井下空间限制或磁场干扰,很难有效开展对煤层宏观裂隙的观测,很难获得煤层宏观裂隙优势发育方位等重要参数,以致我国煤矿现行瓦斯抽采工程设计多未考虑煤层宏观裂隙发育特征对抽采效率的影响[120]。

MATLAB 数字图像识别技术[111]在岩土工程裂缝识别领域取得广泛应用,其各类应用工具箱覆盖了 20 多个领域图像处理算法,使得各类图像处理与识别过程都极为便捷,并且利用计算机在 MATLAB 这一平台上进行算法搭建,可以自动化地对预处理的图片进行降噪处理、二值化优化以及图像边缘检测等,从而使数字图片达到实际应用标准,可以极大减少人工烦琐工作量,提高现场识别的效率和准确性。为了研究适合煤矿井下煤层裂隙观测、统计分析和预测方法,提高我国矿井煤层瓦斯抽采效率,本书根据煤层裂隙特征,提出了井下煤层宏观裂隙观测与识别的新方法,具体的技术路线是:在了解研究区地质构造发育规律和煤层裂隙基本发育特征的基础上,分别对不同瓦斯地质单元进行井下煤壁摄影和裂隙观测,然后利用 MATLAB 数字图像识别技术,开展煤层宏观裂隙判识和统计分析。

5.2 井下煤壁摄影和裂隙观测

煤壁裂隙摄影观测与初步统计是获取现场一手资料的主要方法,现场工作是否正确有效开展,直接影响对煤层裂隙发育规律的掌握和后期预测的准确性。因此,现场摄影观测应当按照观测方案设计要求开展,不可随意变更观测路线和方法。对于典型裂隙组产状参数测量与描述应当参考地质行业规范[121],按统一要求进行。

现场煤壁观测是对井下已揭露的煤壁进行拍照,并对代表性裂隙组进行产状测量和发育特征观测。在采煤工作面,主要在运输巷、回风巷和采面进行测量和观测。为便于统计和分析,在煤壁裂隙观测过程中,应尽量挑选裂隙发育较明显的区域,沿煤层顶板进行拍照,拍照顺序尽量沿同一方向连续进行(例如对采面煤壁的拍照,可从上端口至下端口,也可从下端口至上端口)。对一些具有代表性的裂隙组,在拍照的同时,还需要采用传统方法对其产状要素和发育特征做一些必要的观测,观测内容主要包括代表性裂隙的走向、倾向、倾角、形态特征、裂缝开闭程度、裂缝填充物和填充程度等。

5.3 计算机辅助分析

5.3.1 图像处理

在井下采集大量实测照片后,接下来要对采集到的裂隙图像进行解译,并最终获取煤层裂隙的相关参数。这个过程首要一步便是对煤层图像进行相应的处理,主要分为图像压缩、图像变换、图像增强复原与图像分析四个部分。

5.3.1.1 图像压缩

图像压缩指的是对原始图像中无法用肉眼识别的冗余数据的剔除,从而减少图像数据的存储量,方便图像处理工作的进行。在进行图像压缩前,要对处理图像的性质、特点进行详尽的了解,进而实现相关的图像阵列运算,按照需求对于冗余数据进行删除。

5.3.1.2 图像变换

图像变换分为两个部分:几何变换与变换域变换。前者主要实现图像缩放、旋转、平移、非线性扭曲等常见功能,是图像处理中最基本的操作之一。后者主要实现图像处理由空间域到变换域的转化,使得矩阵维数过大的图像能够更为简洁地进行分析与计算,包括傅立叶变换、小波变换等。

5.3.1.3 图像增强与复原

图像增强主要针对图像本身清晰度、分辨率不高的情况,基于图像本身的特点采取特定的处理方式来改善图像质量。图像复原针对失真的图像,使其能够进行正常分析。对于煤层图片,主要运用的图像增强技术有图像灰度处理和图像亮度及对比度处理。

(1) 图像灰度处理

在井下采集的煤壁照片虽然看似只是黑白两色构成,但实际上它也是由 R、G、B 三种分量构成的彩色点阵图像,需要进行相应的灰度值处理。灰度处理主要有以下三种算法。

最大值法:将图像中每一个像素点的 R、G、B 值的最大值求出,将其作为灰度图所采用的灰度值。

平均值法:将图像中每一个像素点的 R、G、B 值的平均值求出,将其作为灰度图所采用的灰度值。

YUV 转换法:YUV 格式有着亮度与色彩信息分离的特点。其中 Y 分量包含了灰度图像中的全部信息,且精度较高。由此可知,彩色图像中的灰度值信息仅有 Y 分量便可以完全表示。同时,YUV 格式与 RGB 分量之间存在着如下的对应关系:

$$\begin{bmatrix} Y \\ U \\ V \end{bmatrix} = \begin{bmatrix} R \\ G \\ B \end{bmatrix} \begin{bmatrix} 0.299 & -0.148 & 0.615 \\ 0.587 & -0.289 & -0.515 \\ 0.114 & 0.437 & -0.100 \end{bmatrix}$$

由此可推导：

$$Y = 0.299R + 0.587G + 0.114B$$

根据像素点的 RGB 值求出 Y 值后，将 RGB 均赋值予 Y，即可得到彩色图像的灰度图。

（2）图像亮度处理

亮度指的是整个图像的光亮度。图像亮度调整主要是指在 RGB 颜色空间中对此三个分量同时进行增加或者减少的操作，它并不会改变三基色的相应比例，仅仅是改变了人眼视觉方面的感官体验。其主要算法是，首先对图像中每个像素点的 R、G、B 三个分量进行扫描，然后将这三个分量同时进行相同规格的增加或减少操作。增加或减少的值可以自行设定为固定值，也可以根据图像实际情况进行调整。

（3）图像对比度增强

在煤层裂隙图像中，由于裂隙的颜色与周围煤体的颜色接近，在采取灰度化处理后得到的煤层裂隙灰度图对比将会较低，裂隙像素值与煤体像素值较为相近。因此，需要进行图像对比度的增强，以助于后期图像阈值分割工作的进行。对比度增强的主要算法是：首先对图像中每个像素点的 R、G、B 三个分量进行扫描，然后根据图像不同部分灰度值确定几个灰度阈值，从而确定亮度的增加或减少值，最后对不同部分的像素点进行相应的亮度增减处理，从而达到增强对比度的效果。

5.3.2　图像分析

图像分析，即采用计算机技术对图像中的长度、数据等信息进行提取的过程。针对煤层裂隙图片，图像分析首先采用阈值分割，将裂隙从灰度图中提取出来，而后采用形态学图像处理技术进行开、闭运算，实现裂隙的桥接。

5.3.2.1　阈值分割

在对图像进行预处理后，得到煤层裂隙灰度图，然后需要采用阈值二值化的方式，将裂隙本身与周围的煤层区分开来。二值化的本质是将所需对象从背景中提取出来。采用直方图阈值法进行阈值分割，首先确定灰度阈值范围，灰度值落在阈值内的点成为前景点，之外的则为非前景点。

阈值分割过程中，最关键的一点便是对于灰度阈值的选择，主要有以下三种选取方法。

① 单值法：对图像取一个固定的灰度阈值 t，以这个标准对前景点与非前景点进行区分。

② 峰值法：对于煤层裂隙图像而言，裂隙部分亮度稍低，背景部分亮度值稍高。将图像的灰度值分布图绘出，将灰度阈值 t 设定为两个峰值之间的低谷值。

③ 多阈值法：由于井下复杂的条件限制，拍摄所得的煤壁裂隙图像像素分布较为不均匀，且往往会存在煤壁反光的情况，对阈值分割带来干扰。因此，固定的阈值不能很好地完成分割图像的任务，这时便需要采用多阈值法进行阈值分割。为了更好地识别裂隙，综合井下情况，本书提出了煤层裂隙判识系数这一概念，便是基于多阈值法分割完成的。

5.3.2.2　形态学处理

在进行阈值分割后，需要对图片进行进一步的形态学处理。通过开运算与闭运算进行裂隙的桥接,并对裂隙图像中可能存在的细小缺口进行填补;而后通过膨胀、腐蚀算法实现二值化图像背景干扰的消除,最终得到清晰的煤层裂隙二值化图像。

（1）图像膨胀

图像膨胀主要针对数字图像的前景色区的边缘进行处理,增大前景区域,缩小背景。从集合学的角度理解图像膨胀的概念如下式:

$$A \oplus B = \{z \mid (\hat{B})_z \cap A \neq \varnothing\}$$

该式表示,结构元素集合 B 的反射在平移距离 z 之后,将与集合 A 的交集不为空集的情况进行记录整合,即可得集合 A 被集合 B 膨胀的结果 $A \oplus B$。

同时,由于结构元素往往会选择关于原点对称的集合,因此上式也可以表示为:

$$D_B(A) = A \oplus B = \{a \mid B_a \uparrow A\}$$

即,集合 B 平移 a 后得到 B_a,若击中集合 A,记下 a 点。所有满足上述条件的 a 点组成的集合称为 A 对 B 的膨胀,记录为 $D_B(A)$。

在数字图像中,实现图像膨胀的算法如下:

① 对图像的所有像素点进行扫描。

② 若某一像素点及其 3×3 邻域均为白色,则跳过该点。

③ 若像素点及其 3×3 邻域中存在黑色点,则将其与已设定的结构元素进行比对,存在重合的情况,便将该像素点转换为黑色点。

（2）图像腐蚀

图像腐蚀是为图像膨胀的对偶运算,指的是对图像中所提取对象的边缘执行删除操作,即对图像前景色区的边缘进行腐蚀,进而达到图像前景区域变小,背景区域扩张的目的。图像腐蚀往往用来消除小且无意义的物体,从集合学角度分析如下式:

$$A \ominus B = \{z \mid (B)_z \subseteq A\}$$

在图像腐蚀过程中,不要求对结构元素 B 进行反射操作,因此无须要求集合 B 关于原点对称。该式表示,结构元素集合 B 在平移距离 z 之后,将与集合 A 的交集不为空集的情况进行记录整合,即可得集合 A 被集合 B 腐蚀的结果。上式又可记为:

$$E_B(A) = A \ominus B = \{a \mid B_a \subset A\}$$

即把结构元素 B 平移 a 后得到 B_a,若 B_a 包含于 A,记下这个 a 点,所有满足上述条件的 a 点组成的集合称作 A 被 B 腐蚀的结果。

在数字图像中,实现图像膨胀的算法如下:

① 对图像的所有像素点进行扫描。

② 当像素点为白色时,则跳过该点。

③ 当发现黑色像素点时,则将其与已设定的结构元素进行比对,存在重合的情况,则保留该点。若不能重合,则将该点转换为白色。

（3）裂隙桥接

膨胀与腐蚀运算能够较好地对需识别的目标进行处理,但是由于其往往会使得目标物发生形变,因此存在一定的局限性。为了解决这一问题,运用膨胀与腐蚀对偶运算同时对图像进行处理,便构成了开运算与闭运算。

在煤层裂隙图像的处理中,主要处理目的是使得裂隙能够实现桥接,因此选定闭运算进行操作,即先膨胀,后腐蚀。

5.3.3 参数表征

参数表征,即对裂隙的几何参数进行统计与计算,它是煤层宏观裂隙识别与表征过程中最重要的一步。本书主要研究的参数包括裂隙数量、裂隙迹长和裂隙倾角。

（1）裂隙数量

由于煤层裂隙一般不是单独沿一个方向发育,可能存在沿多个方向发育的多个裂隙组,而各方向裂隙组具有相交关系,因而,在裂隙数量识别的过程中,为了统计裂隙数量,并对每一条裂隙的特征参数进行分析,需要进行交点识别,使相交的裂隙分离开来。在交点识别中,主要针对每个裂隙像素点,进行逆时针计算,得到其 3×3 邻域中由黑色像素点转换为白色像素点的次数 N,进而对裂隙的交点进行识别。

（2）裂隙迹长

裂隙迹长的计算主要依赖于裂隙上每一个像素点的坐标值,根据坐标的累计差对迹长进行分析与计算。即对相邻两个像素点之间的距离进行计算,而后进行累计得到裂隙整体迹长,再根据拍摄裂隙照片时放置的参照物,得出比例尺,从而计算实际煤层裂隙迹长。

（3）裂隙倾角

裂隙倾角的计算主要依赖于线性回归法,根据裂隙中每个点的坐标进行计算。

一元线性回归公式为：

$$\hat{y}_i = a + bx_i$$

其中：

$$b = \frac{\sum (x - \overline{x})(y - \overline{y})}{\sum (x - \overline{x})^2} = \frac{\sum xy - \sum x \sum y/n}{\sum x^2 - (\sum x)^2/n}$$

$$a = \overline{y} - b\overline{x} = \frac{\sum y}{n} - b \frac{\sum x}{n} a = \overline{y} - b\overline{x}$$

则裂隙倾角 $\theta = \arctan b$。

5.3.4 集成化分析

集成化图像分析,即将图像获取、预处理、图像分割及识别等功能集中,对图像进行整体分析的过程。煤层裂隙图像分析的目的是把裂隙作为前景,使其更为突出,其他部分则作为背景。本书采用两种方法进行集成化分析：全自动裂隙检测分析和基于人工分析的计算机辅助检测分析。

5.3.4.1 裂隙图像特征

为更好地实现煤层裂隙的自动识别与统计,首先要对煤层裂隙的基本特征加以分析。选取一张煤壁图片,采用不同灰度阈值对煤壁原始图像进行处理,其中灰度值小于 q 的区域取白色,其余部分取黑色。通过对图像分析可得如下结论(图 5-1)：

① 煤层裂隙主要为条带状分布。

② 裂隙存在的部分,灰度值较背景值偏低。

③ 在裂隙图形中,针对同一条裂隙,可能存在不同的灰度值。采用不同的阈值对图像进行处理,结果呈现出的同一条裂隙的大小与连续性可能不同[图 5-1(f)、(h)]。

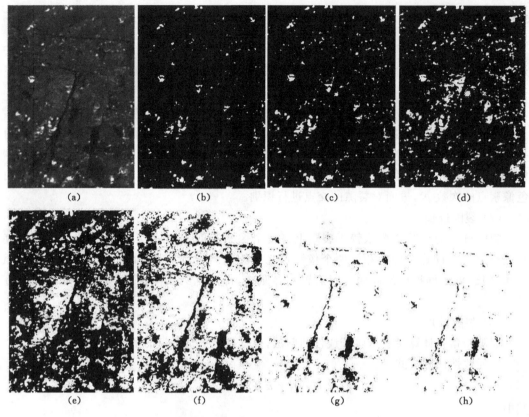

图 5-1　煤壁图像及其不同灰度阈值(t)下的二值图

(a) 煤层裂隙图像；(b) 二值图($t=50$)；(c) 二值图($t=70$)；(d) 二值图($t=90$)；

(e) 二值图($t=110$)；(f) 二值图($t=130$)；(g) 二值图($t=150$)；(h) 二值图($t=170$)

④ 裂隙图像中，裂隙所在区域的形态受阈值的影响较大。随着灰度阈值的改变，裂隙所处的白色区域经历了从点状到条带状，再到面状的转变。

5.3.4.2　全自动裂隙检测分析

全自动裂隙检测分析，即按照预先编译好的代码对煤层裂隙图像进行自动裂隙检测与分析，无须任何外界因素的辅助。

根据对煤层裂隙图像特征的分析，定义裂隙的判识系数，即：

$$s = s(l,w,\lambda) = \begin{cases} 1, l > l_0, w < w_0, 并且 \lambda > \lambda_0 \\ 0, 其他情况 \end{cases}$$

式中，l、w、λ 分别为煤层裂隙的长度、宽度及长宽比。l_0、w_0、λ_0 分别代表三个参数的阈值。当二值图中某一区域能够保证 $l > l_0$、$w < w_0$ 且 $\lambda > \lambda_0$ 时，定义此区域为裂隙，取系数 s 值为 1；否则 s 值为 0。在实际操作中，需要根据井下实测情况，对于 l_0、w_0、λ_0 的数值进行定义。

基于煤层裂隙判识系数的定义，选用多阈值分割法编写程序对图像进行裂隙识别。该方法的流程如图 5-2 所示。

该过程的部分核心代码如下：

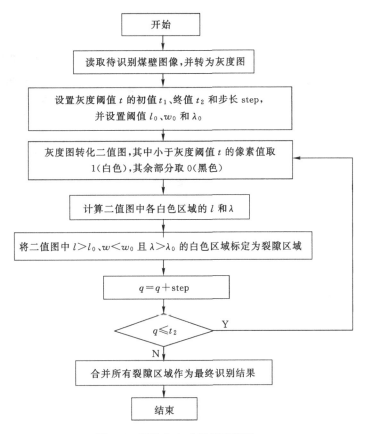

图 5-2 裂隙全自动识别流程图

```
% fill any holes, so that regionprops can be used to estimate
% the area enclosed by each of the boundaries
bw = imfill(J, 'holes');
% figure, imshow(bw), title('holes I');
L = bwlabel(bw);
% S = regionprops(L, 'Area', 'Eccentricity');
S = regionprops(L, 'Area', 'Eccentricity', 'MajorAxisLength', 'MinorAxisLength');
bw = ismember(L, find(([S.Area] >= 10)([S.MajorAxisLength]) >= 10)...
([S.MinorAxisLength] <= 20)([S.Eccentricity] >= 0.95)));
figure, imshow(bw), title('Filter I');
```

运用本代码,对于一幅特定裂隙图像进行处理,处理过程如图 5-3 所示。

由图 5-3 可知,在对裂隙照片进行多阈值分割法处理,并采用判识系数对裂隙进行判定,将两次图像识别结果进行整合后,能够较好地识别图像中的裂隙。

裂隙全自动识别法通过对一定范围内的灰度阈值遍历,能够最大化获取裂隙信息,从而较好地对煤层图像中存在的微小裂隙进行统计。但是由于煤层中裂隙分布的复杂性,无法对间断分布的同一条裂隙实现整体识别。此外,在运用上述代码对大量裂隙图像进行统计分析之前,首先需要对整体图像进行分析,合理选择判识系数中的各个参数的阈值,才能提

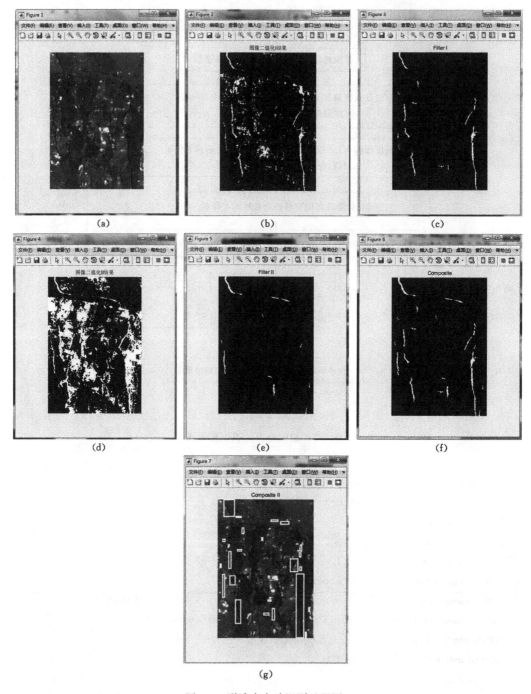

图 5-3　裂隙全自动识别过程图

(a) 原始图片；(b) 图像二值化 I 效果；(c) 识别效果 I；(d) 图像二值化 II 效果；
(e) 识别效果 II；(f) 两次识别效果综合；(g) 最终识别效果

升裂隙识别的准确性。因此，上述方法仍存在一定的缺陷。因而，可考虑综合利用人工识别与计算机识别的优点，采用基于人工分析的计算机辅助统计方法，以提高煤层裂隙识别的精准度。

5.3.4.3 基于人工分析的计算机辅助统计

由于煤层裂隙图像主要以灰度信息呈现,且裂隙所在区域的灰度值与背景值较为接近,因此考虑对裂隙采用人工辅助识别。即在人工肉眼识别的基础上,先用白色线条对图像中的裂隙进行标注,使裂隙信息能够与背景信息较清晰地区分开来,再利用计算机对裂隙进行整体统计与分析。

根据煤层裂隙表征过程的分析及系统设计的目标,将功能设计分为四个部分:裂隙图像信息的输入与输出、图像预处理、裂隙识别和裂隙特征参数表征。

(1)信息输入与输出

在本模块中,应包括单张裂隙图片输入、多张裂隙图片输入、裂隙信息输出等一系列功能,实现打开单张或多张图片,保存经过处理的图片,以及输出图像裂隙参数信息等操作。

出于缩短图像处理时间的考虑,选取 JPG 格式的图像进行处理分析,能够在图像色彩信息最大化保留的前提下,尽可能缩小图片大小,从而减少工作时间。

图像输入后,需要对全局变量进行定义,能够被本程序所有对象或函数引用。该部分的核心代码如下:

```
file_path = 图像文件夹路径';% 图像文件夹路径?
img_path_list = dir(strcat(file_path,' * .JPG'));%获取该文件夹中所有jpg格式的图像 ?
img_num = length(img_path_list);%获取图像总数量?
I=cell(1,img_num);
global   s;
global   tempb1;
global   b1;
global   pic;
global   bw;
global   hMainFig;
global   hText;
global   charpic;
global   chars;
```

在打开的文件夹中,可以包含一张裂隙图像或多张图像。处理后得到的单张图片信息会以数据形式呈现在 MATLAB 命令行窗口;多张裂隙图像倾角的统计规律信息则保存在 MATLAB 工作区。其中,jiont 统计裂隙发育方位,jiontLength 统计在每一个方位上裂隙的长度(图 5-4)。

(2)图像预处理

由于井下拍摄条件的限制,裂隙图片往往存在清晰度较差、辨识度较低的问题。因此,在图像预处理部分,手动采用白色线条对裂隙部分进行对比度增强,而后再进行图像的灰度化。首先对文件夹中所有图片遍历,再进行逐张图片灰度化。在进行描图时,需要注意照片比例尺。

其核心代码如下:

```
%创建 pic 文件
```

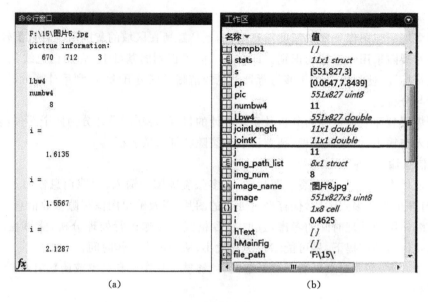

(a)   (b)

图 5-4　裂隙信息的输出

```
if ~exist(fullfile(pwd,'pic'),'dir')
    mkdir(fullfile(pwd,'pic'));
end
if img_num > 0 %有满足条件的图像？
    for j = 1:img_num %逐一读取图像？
        image_name = img_path_list(j).name;% 图像名？
        disp(strcat(file_path,image_name));
        image = imread(strcat(file_path,image_name));
        %figure,imshow(image);
        %%% 预处理
        %读入图片 pwd 表示当前文件路径
        %picname = fullfile(pwd,'image\image.jpg');
        %picname = fullfile(pwd,path);
        pic = image;
        %图片尺寸大小存储到 s 中
        s=size(pic);
        disp('pictrue information:');
        disp(s);
        %如果图片是三维彩色图像,则将其转化为灰度图像进行处理
        if length(s) == 3
            pic = rgb2gray(pic);
        end
```

图像预处理过程如图 5-5 所示。

(3)煤层裂隙图像分析与识别

在煤层裂隙图像分析与识别过程中,首先进行裂隙图像阈值分割,再进行形态学处理,

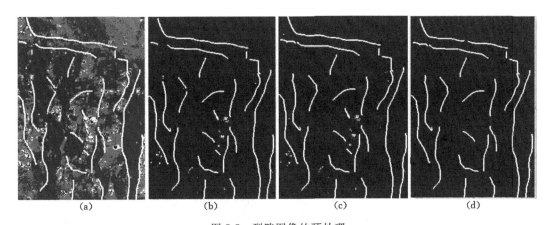

图 5-5　裂隙图像的预处理

(a) 煤层图像灰度图；(b) 图像二值化结果；(c) 形态学处理结果；(d) 小对象清除结果

实现裂隙识别。

根据对大量井下图像的处理经验，在进行不同阈值处理效果对比分析后，选定阈值为 0.99 将图像进行阈值分割，使图片转换为二值(仅包含 0、1)图片。该部分的核心代码如下：

```
% 以 0.99 为阈值,将转化后的灰度图像进行二值化
    bw = im2bw(pic,0.99);
    %figure,imshow(bw),title('bw');
    %figure,imshow(pic),title('pic');
    bw=bw;
    %将二值图片取反,即 1 变 0,0 变 1
    %bw=~bw;
    %figure,imshow(bw),title('~bw');
```

而后，将二值图采用形态学处理。调用 imopen、imcolse 函数分别进行开运算与闭运算，实现裂隙的桥接。由于井下环境限制，煤层图像往往会存在反光现象，在二值图中呈现为大量噪点。因此，需要调用 bwareaopen 函数对二值图中可能存在的小对象进行消除，从而避免无关因素对裂隙识别造成干扰。该部分的核心代码如下：

```
% 形态学处理
    % bw = imopen(bw,strel('line',10,10));
    %闭运算 将图形中的小缺口进行合并
    %strel 形态结构元素 创建直线长度 4 角度 90
    bw1 = imclose(bw,strel('line',4,90));
    %figure,imshow(bw1),title('bw1 imclose')
    %bwareaopen 移除像素值小于 200 的小对象
    bw2 = bwareaopen(bw1,500);
    %figure,imshow(bw2),title('bw2 bwareaopen');
    bwi2 = bwselect(bw2,368,483,4);
```

```
%figure,imshow(bwi2),title('bwi2 bwselect');
bw2(bwi2) = 0;
bw3 = bw .* bw2;
%figure,imshow(bw3),title('bw3 .*');
bw4 = imclose(bw3,strel('square',4));
bw4 = bwareaopen(bw4,500);
```

裂隙图像阈值分割与形态学处理过程如图 5-6 所示。

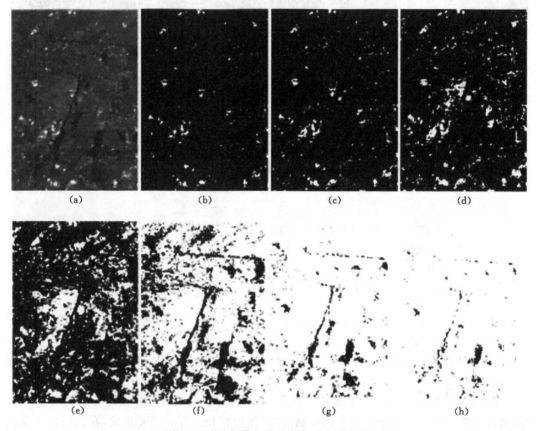

(a)　　　　　　　(b)　　　　　　　(c)　　　　　　　(d)

(e)　　　　　　　(f)　　　　　　　(g)　　　　　　　(h)

图 5-6　裂隙图像阈值分割与形态学处理

(a) 煤层裂隙图像；(b) 二值图($t=50$)；(c) 二值图($t=70$)；(d) 二值图($t=90$)；
(e) 二值图($t=110$)；(f) 二值图($t=130$)；(g) 二值图($t=150$)；(h) 二值图($t=170$)

（4）裂隙特征识别与参数表征

对裂隙图像进行形态学处理后，再对图像进行分割处理。调用 bwlable 函数找到当前处理的裂隙图像的连通对象，一般默认为 8 连通对象，即针对图像中某一像素点，若其与其上下左右、左上左下、右上右下 8 个像素连接，则认为它们是连通的。调用 regionpros 函数获取裂隙坐标信息，jiontLength 函数计算裂隙迹长，jiontK 函数计算裂隙倾角。即在找到裂隙中各个点的像素点后，进行直线拟合，通过 $k=\tan X$ 计算裂隙倾角，裂隙迹长即为像素点的个数与单个像素点代表长度的乘积。该过程的关键代码如下：

```
%% 分割字符的基础,获取连通分量
    %bwlabel 用于找到 bw4 中的对象,默认为 8 连通对象
    %lbw4 为标签矩阵 number4 为找到的连接对象的数量
    [Lbw4,numbw4] = bwlabel(bw4);
    disp('Lbw4')
    %figure,imshow(Lbw4),title('lbw4');
    disp('numbw4');
    disp(numbw4);
    %regionprops 获得图像区域的度量属性
    %可获得 Area、Centroid、BoundingBox
    stats = regionprops(Lbw4);
    %jointLength 为节理长度或裂缝长度
    jointLength = [];
    jointK = [];
    for i = 1:numbw4
        %tempBound 为坐标轴
        tempBound = stats(i).BoundingBox;
        %imcrop 为裁剪函数 参数为原图像和坐标框
        %tempPic = imcrop(pic,tempBound);
        %tempStr = fullfile(pwd,sprintf('pic\\%03d.jpg',i));
        %disp('tempBound');
        %disp(tempBound);
        jointLength = [jointLength;sqrt(tempBound(3)^2+tempBound(4)^2)];
        tempPic = imcrop(Lbw4,tempBound);
        %存储绘制参数
        %figure,imshow(tempPic),title(i);
        [x y] = find(tempPic);
        %拟合直线
        pn = polyfit(x,y,1);
```

采用上述代码分别对单张图片中的裂隙迹长及裂隙倾角进行统计,以此验证代码的准确性。

绘制如图 5-7 所示的 8 条线段模拟煤层裂隙,其长度分别为 2 cm、4 cm、3 cm、4 cm、1 cm、4 cm、3 cm、2 cm,倾斜角度分别为 0°、30°、45°、60°、90°、120°、135°、150°。

对每条线段两端的坐标进行统计,并根据实际图像尺寸与图像像素尺寸的比例求出裂隙实际长度,记录如表 5-1 所示。

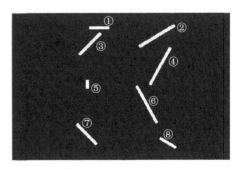

图 5-7　绘制长短、倾角不同的线段模拟裂隙

表 5-1　裂隙端点坐标与测量长度及误差记录

裂隙编号	起点坐标	终点坐标	像素长度	测量长度/cm	误差值/cm	误差百分比/%
①	(163,31)	(209,31)	45	2	0	0
②	(269,70)	(348,25)	90.917	4.04	0.04	1
③	(140,89)	(189,42)	67.896	3.018	0.018	0.6
④	(294,150)	(340,71)	91.416	4.063	0.063	1.58
⑤	(159,137)	(159,160)	23	1.022	0.022	2.2
⑥	(263,151)	(311,228)	90.735	4.033	0.033	0.83
⑦	(135,228)	(183,275)	67.178	2.986	−0.014	0.47
⑧	(315,255)	(353,280)	45.486	2.022	0.022	1.1

　　由误差分析可知,程序对裂隙长度识别的稳定性较好,误差基本控制在 2% 以内,能够满足后期裂隙优势发育方位统计分析的要求(图 5-8)。

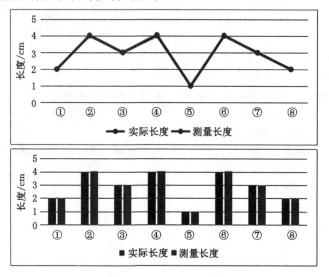

图 5-8　裂隙长度计算机识别误差分析

　　裂隙倾角方面,基于裂隙两端点坐标,拟合直线 $k = \tan X$,计算并记录所得数据如表 5-2所示。

表 5-2　裂隙倾角测量及误差记录

裂隙编号	①	②	③	④	⑤	⑥	⑦	⑧
实际倾角/(°)	0	30	45	60	90	120	135	150
测量倾角/(°)	0	30.375	44.762	59.892	90	122.13	133.37	148.43
误差值/(°)	0	0.375	−0.238	−0.108	0	2.13	−1.63	−1.57
误差百分比/%	0	1.250	0.529	0.180	0	1.775	1.207	1.047

　　由表 5-2 可知,裂隙角度误差值控制在 2% 以内,同样能够满足分析要求(图 5-9)。

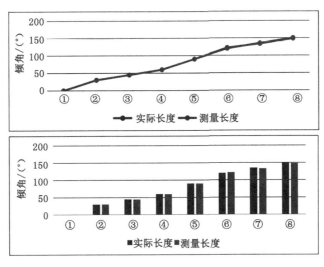

图 5-9　裂隙角度计算机识别误差分析

（5）裂隙图像批量处理

由于煤层节理裂隙均为统计规律,因此,需要运用上述程序对大量裂隙图片进行批次处理,以实现裂隙优势发育方位统计的目的,从而指导瓦斯抽采工作的进行。此时要注意,在批量对图像进行人工预处理时,需保证所有图像裂隙像素长度相等,进而保证识别结果的准确性。为了使最终绘制的玫瑰花图完整,需调用函数,将裂隙倾角转换为弧度制进行记录,1弧度＝57.2958角度。其中关键代码如下：

```
tmpJointK = atan(pn(1)) * 180/pi/8;
        %jointK =[jointK;atan(pn(1)) * 180/pi/8];
        for i＝1:10
            x = tmpJointK;
            if x < 0
                x = x + 3.1416;
                tmpJointK = x;
            end
            if x > 6.2832
                x = x - 6.2832;
                tmpJointK = x;
            end
            if x<=6.2832&&x>=0
                tmpJointK = x;
                jointK =[jointK;tmpJointK];
                break;
            end
        end

        %jointK =[jointK;tmpJointK];
```

```
%if atan(pn(1)) * 180/pi/8<0
    %jointK = [jointK;atan(pn(1)) * 180/pi/8+3.1416]
%end
%if atan(pn(1)) * 180/pi/8>6.2832
%    jointK = [jointK;atan(pn(1)) * 180/pi/8-6.2832]
% end
%if atan(pn(1)) * 180/pi/8>6.2832 && atan(pn(1)) * 180/pi/8<0
%    jointK = [jointK;atan(pn(1)) * 180/pi/8]
%end
%yy=polyval(pn,x);
%figure,imshow(i);
%figure,plot(x,y);
%figure,plot(x,yy);
```

为提高代码的时空效率,将数据进行离散化处理,即把无限空间中有限的个体映射到有限的空间中去。这一过程也可视为涉及数据挖掘的数据预处理。其关键代码如下:

```
%jointK = [jointK;tmpJointK];
    %if atan(pn(1)) * 180/pi/8<0
        %jointK = [jointK;atan(pn(1)) * 180/pi/8+3.1416]
    %end
    %if atan(pn(1)) * 180/pi/8>6.2832
    %    jointK = [jointK;atan(pn(1)) * 180/pi/8-6.2832]
    % end
    %if atan(pn(1)) * 180/pi/8>6.2832 && atan(pn(1)) * 180/pi/8<0
    %    jointK = [jointK;atan(pn(1)) * 180/pi/8]
    %end
    %yy=polyval(pn,x);
    %figure,imshow(i);
    %figure,plot(x,y);
    %figure,plot(x,yy);
```

随后进行数据一致性处理,并对找到的对象进行标记,其关键代码如下:

```
tempStr = fullfile(pwd,sprintf('pic\\%03d.jpg',i));
    imwrite(tempPic,tempStr);
end
%figure,imshow(bw4),title('bw4 imclose');

%numbw4 为 bw4 中 8 连通对象的数量
%stats 为 bw4 中 8 连通对象的 图像区域的度量属性
%找到各个单词对象,即图像分割
for i = 1 : numbw4
```

```
    tempBound = stats(i).BoundingBox;
    rectangle('Position',tempBound,'EdgeColor','r');
end
```

(6) 裂隙优势方位玫瑰花图绘制

调用 polar 函数在极坐标下绘制玫瑰花图。为保证绘制的玫瑰花图的精度,把裂隙倾角区间设置为 5°,将裂隙倾角 0°~180°分为 36 个小区间,并计算其中裂隙像素点值。其部分代码如下:

```
[a b] = size(jointK);
    for j=1:a
        i = jointK(j)
        if i>=0 && i<0.0872665
            area0 = area0 + jointLength(j);
        end
        if i>=0.0872665 && i<0.1745329
            area1 = area1 + jointLength(j);
        end
        if i>=0.1745329&&i<0.2617994
            area2 = area2 + jointLength(j);
        end
        if i>=0.2617994&&i<0.3490659
            area3 = area3 + jointLength(j);
        end
        if i>=0.3490659&&i<0.4363323
            area4 = area4 + jointLength(j);
        end
        if i>=0.4363323&&i<0.5235988
            area5 = area5 + jointLength(j);
        end
        if i>=0.5235988&&i<0.6108653
            area6 = area6 + jointLength(j);
        end
        if i>=0.6108653&&i<0.6981317
            area7 = area7 + jointLength(j);
        end
        if i>=0.6981317&&i<0.7853982
            area8 = area8 + jointLength(j);
        end
        if i>=0.7853982&&i<0.8726646
            area9 = area9 + jointLength(j);
        end
        if i>=0.8726646&&i<0.9599311
```

```
                    area10 = area10 + jointLength(j);
            end
    if i>=0.9599311&&i<1.0471976
                    area11 = area11 + jointLength(j);
            end
            if i>=1.0471976&&i<1.134464
                    area12 = area12 + jointLength(j);
            end
            if i>=1.134464&&i<1.2217305
                    area13 = area13 + jointLength(j);
            end
            if i>=1.2217305&&i<1.308997
                    area14 = area14 + jointLength(j);
            end
            if i>=1.308997&&i<1.3962634
                    area15 = area15 + jointLength(j);
            end
            if i>=1.3962634&&i<1.4835299
                    area16 = area16 + jointLength(j);
            end
            if i>=1.4835299&&i<1.5707964
                    area17 = area17 + jointLength(j);
            end
            if i>=1.5707964&&i<1.6580628
                    area18 = area18 + jointLength(j);
            end
            if i>=1.6580628&&i<1.7453293
                    area19 = area19 + jointLength(j);
            end
            if i>=1.7453293&&i<1.8325958
                    area20 = area20 + jointLength(j);
            end
            if i>=1.8325958&&i<1.9198622
                    area21 = area21 + jointLength(j);
            end
            if i>=1.9198622&&i<2.0071287
                    area22 = area22 + jointLength(j);
            end
            if i>=2.0071287&&i<2.0943952
                    area23 = area23 + jointLength(j);
            end
            if i>=2.0943952&&i<2.1816616
                    area24 = area24 + jointLength(j);
            end
```

```
        if i>=2.1816616&&i<2.2689281
            area25 = area25 + jointLength(j);
        end
        if i>=2.2689281&&i<2.3561946
            area26 = area26 + jointLength(j);
        end
        if i>=2.3561946&&i<2.443461
            area27 = area27 + jointLength(j);
        end
        if i>=2.443461&&i<2.5307275
            area28 = area28 + jointLength(j);
        end
        end
        if i>=2.5307275&&i<2.6179939
            area29 = area29 + jointLength(j);
        end
        if i>=2.6179939&&i<2.7052604
            area30 = area30 + jointLength(j);
        end
        if i>=2.7052604&&i<2.7925269
            area31 = area31 + jointLength(j);
        end
        if i>=2.7925269&&i<2.8797933
            area32 = area32 + jointLength(j);
        end
        if i>=2.8797933&&i<2.9670598
            area33 = area34 + jointLength(j);
        end
        if i>=2.9670598&&i<3.0543263
            area35 = area35 + jointLength(j);
        end
        if i>=3.0543263&&i<3.1415927
            area36 = area36 + jointLength(j);
        end
    end
    %这里直接可以访问细胞元数据的方式访问数据
    end
    area37 = area36;
area38 = area0;
```

随后进行玫瑰花图的绘制。为图像美观,用 0 对图像的下半区域进行填充,仅在上半区进行绘制,进而绘制出裂隙优势发育方位玫瑰花图。

```
angle = (0:72) * pi/36;
```

a ＝[area0 area1 area2 area3 area4 area5 area6 area7 area8 area9 area10 area11 area12 area13 area14 area15 area16 area17 area18 area19 area20 area21 area22 area23 area24 area25 area26 area27 area28 area29 area30 area31 area32 area33 area34 area35 area36 0 0 0 0 0 0 0 0 0 0 0 0 0 0 0 0 0 0 0 0 0 0 0 0 0 0 0 0 0 0 0 0 0];

polar(angle,a);
％my_polar(angle,[area0 area1 area2 area3 area4 area5 area6 area7 0 0 0 0 0 0 0 0 area8]);end

运用本代码对裂隙图片进行识别,将图片以 jpg 格式存储在文件夹中,对裂隙图片进行人工处理,如图 5-10 所示。

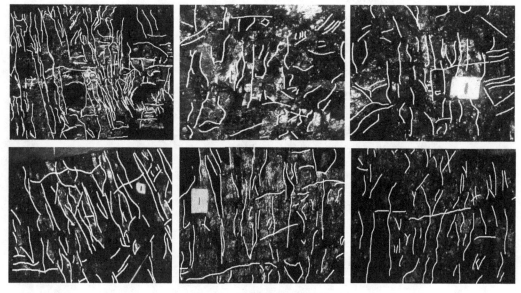

图 5-10　图像裂隙描图结果

运用该程序代码对包含上述煤层裂隙图像的文件夹进行处理,裂隙优势发育方位玫瑰花图如图 5-11 所示。

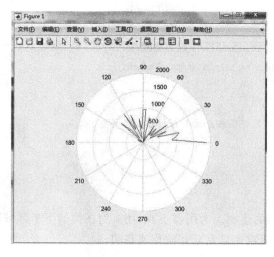

图 5-11　裂隙优势发育方位玫瑰花图

其中,各个区域中裂隙数据储存在软件工作区中[图5-12(a)]。离散化处理后的裂隙倾角与像素长度数据分别保存在工作区joinK与joinLength中,并呈一一对应关系[图5-12(b)]。

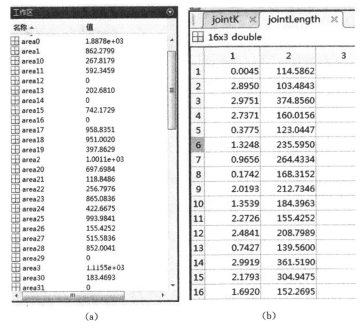

(a)   (b)

图5-12　裂隙统计参数的储存与提取

(a)各区域中裂隙数据记录;(b)裂隙倾角与像素长度记录

通过统计结果,可得出该方法存在以下优越性:

① 该方法能够对裂隙图片中存在的微小裂隙进行识别,可以较为准确地识别与表征煤层裂隙的参数。

② 考虑到传统裂隙优势发育方位玫瑰花图的绘制是根据裂隙在各个方向发育条数进行的,不同长度的裂隙均被识别为一条,可能存在较大误差,无法对裂隙真正的优势发育方位进行统计,因此,在程序设计时,摒弃了对裂隙条数进行统计的方式,改为对各个方向上裂隙的像素长度进行统计分析,进而绘制玫瑰花图,能够更为真实地对裂隙发育状况进行显示。

5.4　应用实例

上述宏观裂隙观测和分析方法,在古汉山矿二$_1$煤层得到了实际应用。

基于对影响煤层瓦斯赋存地质因素的分析,主要依据断层及其组合类型对煤层瓦斯赋存的主控作用,并考虑采区的划分和目前开采范围,以团向断层为界,将古汉山井田二$_1$煤层划分为Ⅰ和Ⅱ两个瓦斯地质单元。古汉山矿在两个瓦斯地质单元内均有采掘活动,考虑到二$_1$煤层宏观裂隙在不同的瓦斯地质单元内可能具有不同的发育特点和规律,因而,分别选择在两个瓦斯地质单元内进行二$_1$煤层宏观裂隙的观测。

根据采掘部署情况,选择处于瓦斯地质单元Ⅰ中14采区的14171采煤工作面和处于瓦斯地质单元Ⅱ中15采区的15091采煤工作面作为二$_1$煤层宏观裂隙观测区(图5-13),伴随回采进程,对二₁煤层宏观裂隙特征和代表性产状进行观测,并对煤壁进行平面拍照。

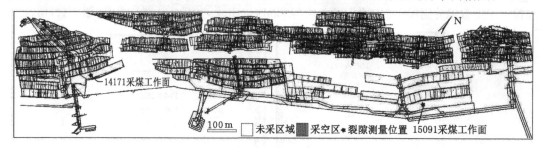

图 5-13　裂隙测量区域示意图

5.4.1　裂隙产状特征

　　二₁煤层遭受破坏非常严重,煤层原生条带状结构和割理等原生宏观裂隙基本消失,大量发育以剪裂隙为主的次生宏观裂隙。

　　15091 工作面中,裂隙发育程度较好,平均密度为 4 条/10 cm,但裂隙分布不均衡,多至 10 条/cm[图 5-14(a)],少至 1 条/cm。同时,裂隙规模也有较大差异,厘米级至米级的裂隙均在煤层可见,有的大型裂隙甚至能贯穿数个煤岩分层,直至煤层顶板[图 5-14(b)]。裂隙规模方面,本采区裂隙主要为大中型裂隙,辅以小型裂隙;裂隙倾角方面,以大倾角裂隙为主[图 5-14(c)],小倾角裂隙为辅[图 5-14(d)]。经统计分析,该区域的裂隙大多为平行排列,主要有 2 组发育,分别为走向 50°、倾向 140°,走向 50°、倾向 315°。倾角多在 80°左右,另有

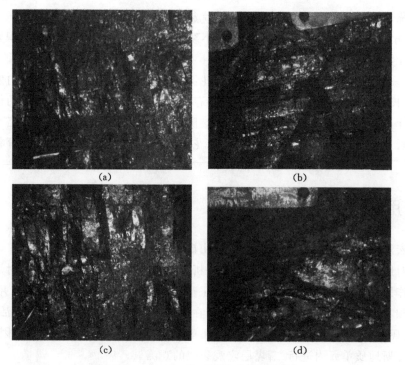

图 5-14　15091 工作面煤层裂隙发育特征

（a）极发育的煤层裂隙；（b）贯穿多个煤岩分层的大型裂隙；（c）近乎直角的高倾角裂隙；（d）小倾角裂隙

少许裂隙倾角在 25°左右。

在 14171 工作面,在煤层中上部,裂隙发育密度较大,可达 10 条/cm[图 5-15(a)],煤层下部裂隙发育密度仅为 1.5 条/cm。同时,裂隙长度不等,多在 50 cm 左右,可见 X 形剪节理[图 5-15(b)]。裂隙之间相交的情况不多,主要以单组平行节理为主,没能形成有效的裂隙网络。裂隙闭合程度高,且多为方解石、煤屑充填[图 5-15(c)、(d)],导致区域煤层渗透性较低。经统计分析,该区域裂隙主要发育有 4 组,分别为走向 355°、倾向 85°,走向 315°、倾向 225°,走向 295°、倾向 205°,走向 35°、倾向 125°。倾角大多小于 60°。

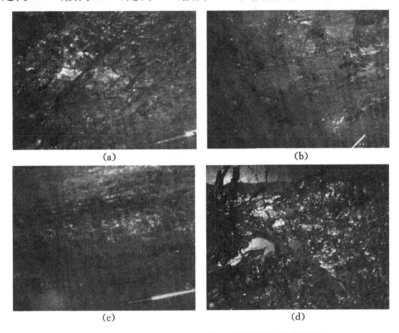

图 5-15　14171 工作面煤层裂隙发育特征
(a) 发育密集的煤层裂隙;(b) X 形剪节理;(c) 裂隙中充填的方解石;(d) 裂隙中充填的煤屑

在进行大量统计分析后,从优化抽采钻孔设计的角度出发,根据裂隙倾角大小,将古汉山井田二$_1$煤层宏观裂隙区分为大倾角裂隙、中倾角裂隙和小倾角裂隙三种基本类型。

(1) 大倾角裂隙

① 产状比较稳定,一般走向为 N40°～60°,倾向为 N130°～150°或 N310°～330°,倾角大于 70°。

② 裂面比较平直,具有剪节理或破劈理的一般特征,但裂面摩擦痕迹不明显。

③ 裂缝闭合不严,内部可见少量煤屑充填。

④ 发育程度不均衡,局部密度较大,线频率可达 50～100 条/m。

⑤ 裂缝的开启程度和形态受采动影响较大。距采面 15 m 左右时,可见该类裂隙呈上宽下窄开启,距采面 6 m 左右时,开启裂缝最多。

⑥ 在 14 和 15 采区均可见,是 15 采区主要宏观裂隙类型,如图 5-16 所示。

(2) 中倾角裂隙(图 5-17)

① 有两组裂隙产状比较稳定:一组走向为 N50°,倾向为 N320°,倾角为 50°～60°;另一组走向为 N300°,倾向为 N210°,倾角为 60°～70°。

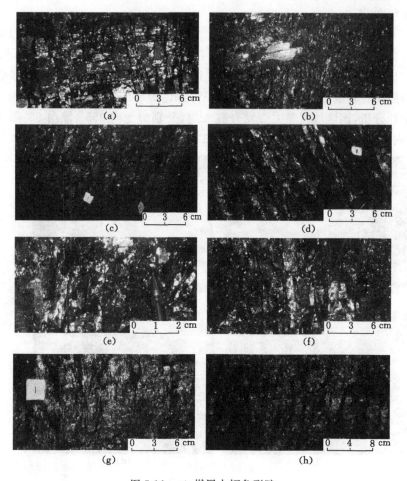

图 5-16 二₁煤层大倾角裂隙

② 裂面弯曲延伸,末端往往以细小分叉形式终止。

③ 裂面可见摩擦痕迹。

④ 发育稀疏,仅在个别区段零星出现,14 和 15 采区均可见。

⑤ 采动影响下,裂缝无明显开启现象。

(3) 小倾角裂隙(图 5-18)

① 产状有一定程度的变化。走向为 N30°~70°,倾向为 N120°~160°,倾角小于 50°,以倾角 10°~20°者最常见。

② 基本顺煤层延伸,可见弯曲裂面。

③ 发育程度不均衡,局部密度较大,线频率可达 30~50 条/m。

④ 裂缝闭合或有密实充填的煤屑。

⑤ 采动影响下,裂缝开启现象不明显。

⑥ 14 和 15 采区均可见,是 14 采区主要宏观裂隙类型。

5.4.2 煤层破坏特征

井下实际观测发现,煤层宏观裂隙的发育类型和发育程度,直接导致了煤层破坏程度和

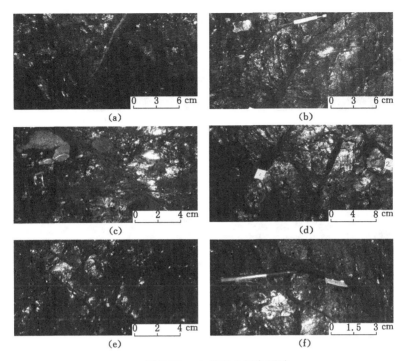

图 5-17 二₁煤层中倾角裂隙

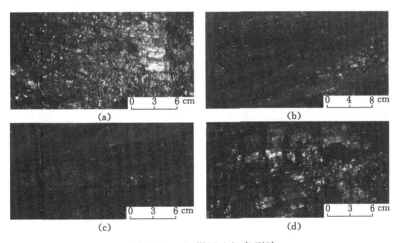

图 5-18 二₁煤层小倾角裂隙

破坏特征不同,并表现出顺层强烈破坏和局部强烈破坏两种基本破坏形式。

(1) 顺层强烈破坏

古汉山矿瓦斯地质单元Ⅰ和Ⅱ的二₁煤层,靠近顶板普遍发育一层构造软煤,厚度为0.30~1.00 m(图 5-19);在瓦斯地质单元Ⅰ的二₁煤层,不仅靠近顶板发育构造软煤分层,靠近底板也发育一层构造软煤,厚度为 0.25~0.34 m,其中可见块状煤砾(图 5-20)。二₁煤层中的构造软煤分层,是煤层遭受顺层破坏的产物,原生结构已破坏殆尽,大多呈现出粉状、碎粒状或鳞片状软煤带,煤的破坏类型为Ⅳ~Ⅴ。在具有此类破坏特征的煤层中,很少见到大倾角宏观裂隙。

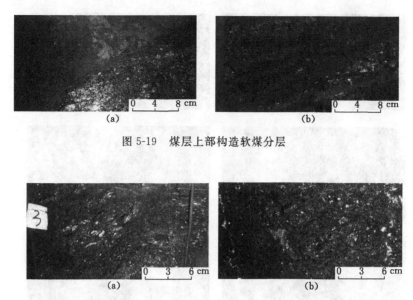

图 5-19　煤层上部构造软煤分层

图 5-20　煤层下部构造软煤分层

（2）局部强烈破坏

局部强烈破坏在二$_1$煤层的中部与下部表现得十分明显。14 采区以中低角度宏观裂隙为主体,将煤层切割成交错堆砌的薄板状或叠瓦状破坏煤体,宏观裂缝或是紧闭度高,或是被粉煤密实充填。煤体破坏类型以Ⅳ类为主（图 5-21）;15 采区则以高角度宏观裂隙为主体,将煤层切割成角砾状、碎粒状或块状混杂的破坏煤体,宏观裂缝虽被粉煤充填,但明显充填不足,常见开启状裂缝。煤体破坏类型以Ⅲ类为主（图 5-22）。

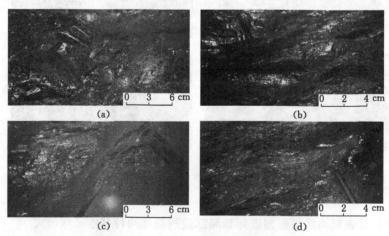

图 5-21　14 采区煤层局部强烈破坏

5.4.3　裂隙分区特征

为了揭示宏观裂隙与瓦斯地质单元的关系,分别对 15 和 14 采区二$_1$煤层宏观裂隙的产状特征、发育规模和优势方位进行了统计分析,发现在古汉山矿第Ⅰ瓦斯地质单元和第Ⅱ瓦

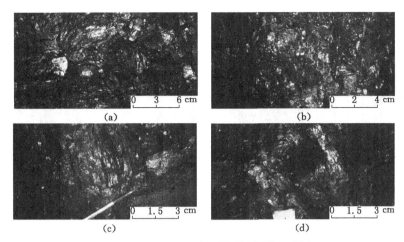

图 5-22　15 采区煤层局部强烈破坏

斯地质单元中,煤层宏观裂隙具有不同的发育特征和规律。

（1）瓦斯地质单元 I

① 煤层整体暗淡无光泽,呈现混乱一片,煤质灰暗。

② 宏观煤岩类型条带状分布和割理构造等原生煤层结构已很难见到。煤层经受多次破坏,呈现出整体结构十分混乱的状态。

③ 靠近顶底板,分别发育构造软煤分层,均属顺层破坏的产物。其中很少看到大倾角宏观裂隙,煤层多以碎粒煤、粉煤或糜棱煤形态出现,属于Ⅳ或Ⅴ类高破坏煤体。

④ 煤层中部,以碎裂煤最为常见,宏观裂隙十分发育,并以中低倾角次生剪节理为主。裂缝紧闭或被粉煤密实填充,采动影响下也很少出现明显的裂缝开启现象。

（2）瓦斯地质单元Ⅱ

① 煤层整体具有光泽性,色泽明亮,煤质较黑。

② 煤层破坏程度较轻,有时可以见到宏观煤岩类型条带状分布和煤层割理等原生结构。

③ 靠近顶板,发育构造软煤分层,多以碎粒煤形态出现,属于Ⅳ类破坏煤体;通常缺少底部软煤分层。

④ 煤层中下部,以碎裂煤为主,高角度宏观裂隙十分发育,多为次生剪节理或破劈理。裂缝开启或被粉煤松散填充,采动影响下可见裂缝开启现象。

5.4.4　煤壁照片处理及裂隙参数统计

（1）裂隙识别

对井下实测照片（分辨率相同）进行批量处理。经人工初步分析煤壁图像裂缝特征后,取长度阈值 $l_0 = 10$,宽度阈值 $w_0 = 20$,长度比阈值 $\lambda_0 = 2$。由于灰度阈值 $t < 50$ 时煤壁图像中白色区域较少或呈点状形态分布,且 $q > 100$ 时白色区域呈面状形态分布,故取 t 初值 $t_1 = 50$,终值 $t_2 = 100$;同时考虑到步长 step 太大容易丢失部分裂缝信息,太小又会降低识别效率,故本实例中 step 取 2。部分识别结果见如图 5-23 所示。

对识别结果进行统计,结果如表 5-3 所示。

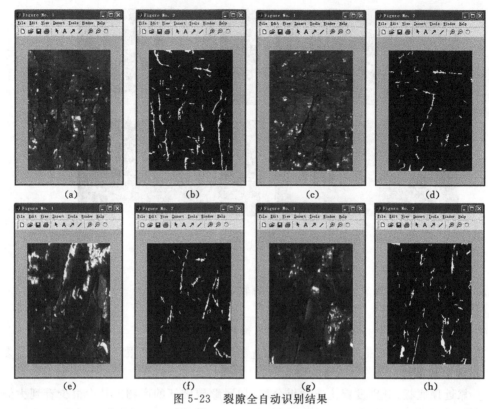

图 5-23　裂隙全自动识别结果

（a）煤壁图像 P_1；（b）识别结果 Ⅰ；（c）煤壁图像 P_2；（d）识别结果 Ⅱ；
（e）煤壁图像 P_3；（f）识别结果 Ⅲ；（g）煤壁图像 P_4；（h）识别结果 Ⅳ

表 5-3　煤层裂隙图像计算机全自动识别结果与人工识别结果对比

图像编号	程序识别条数	人工识别条数	图像编号	程序识别条数	人工识别条数
P_1	71	23	P_{11}	47	18
P_2	39	13	P_{12}	61	28
P_3	44	15	P_{13}	54	20
P_4	57	22	P_{14}	68	22
P_5	65	28	P_{15}	45	17
P_6	58	17	P_{16}	43	12
P_7	76	22	P_{17}	59	23
P_8	65	24	P_{18}	37	9
P_9	53	25	P_{19}	41	19
P_{10}	72	30	P_{20}	48	18

　　由表 5-3 统计可知,针对同一张煤层裂隙图像中的裂隙条数,运用上述代码对裂隙进行识别的数量统计远远大于人工识别。主要原因有以下几点：

　　① 人工识别中,可能存在微小裂隙无法进行肉眼判断。

　　② 当裂隙与周围背景区域灰度值接近时,肉眼无法进行准确判断,但计算机却能够对裂隙实现完全识别。

③ 人工识别中,由于人的联想能力,可能会将间断的裂隙识别为一条,但上述代码暂时无法进行裂隙桥接。

裂隙全自动识别法通过对一定范围内的灰度阈值遍历,能够最大化获取裂隙信息,从而较好地对煤层图像中存在的微小裂隙进行统计。但是由于煤层中裂隙分布的复杂性,无法对间断分布的同一条裂隙实现整体识别。此外,在运用上述代码对大量裂隙图像进行统计分析之前,首先需要对整体图像进行分析,合理选择判识系数中的各个参数的阈值,才能够提升裂隙识别的准确性。因此,上述方法仍存在一定缺陷。

综上所述,考虑研究综合人工识别与计算机识别的优点的裂隙识别方法,以提高煤层裂隙识别的精准度。

（2）二维到三维参数的转化

在对大量工作面照片进行统计分析后,利用井下所采集的两个方向的煤壁照片,采用赤平投影的方式,将煤层照片中的平面裂隙在三维空间中呈现。

赤平投影主要用来对线、面方位以及相互之间的角距关系和运动轨迹进行研究,是将物体在三维空间内的几何要素反映在投影面上进行研究处理的研究方法。它具有简便、直观的特点,因此也可用于煤层裂隙产状的计算。

运用 CAD 软件进行绘图。由于两张裂隙图像中的裂隙倾角是确定的,因此可引入两条直线倾角与平面倾角间的关系式,从而由线求出面的参数:

$$\tan^2 \beta \sin^2 \gamma = \tan^2 \alpha_1 + \tan^2 \alpha_2 - 2\tan \alpha_1 \tan \alpha_2 \cos \gamma$$

式中　β——两条相交直线所构成平面的倾角;

　　α_1, α_2——两条直线的倾伏角;

　　γ——两条直线倾向夹角。

进而确定投影圆弧圆心 O' 的位置。O' 处于两点连线的中垂线上,首先计算平面赤平投影圆弧的半径 R',再以其中一点作为圆心,以该半径作圆,其与两点中垂线的交点即为圆心 O'。

$$R' = \frac{1 + \tan^2\left(45° - \frac{1}{2}\beta\right)}{2\tan\left(45° - \frac{1}{2}\beta\right)} R$$

式中,R 为基圆半径。

确定所求平面的走向时,以 O' 为圆心、R' 为半径画圆,其与基圆的交点 AB 即为平面走向。

平面倾向可由下式推导:

$$\frac{\sin^2 \gamma}{\cos^2 \delta_1} = 1 - 2\left(\frac{\tan \alpha_2}{\tan \alpha_1}\right)\cos \gamma + \left(\frac{\tan \alpha_2}{\tan \alpha_1}\right)^2$$

式中,δ_1 为所构成平面倾向与直线 1 倾向之差。

采用上述方法对 14171 工作面某一观测区域采集图像进行处理。其运输巷走向为 NE15°,采面走向为 NW75°。在 CAD 软件中进行赤平投影图的绘制,将图像中不在同一煤壁上的迹线进行两两组合,可得数个裂隙结构面（图 5-24）。

根据计算,在 14171 工作面观测区域可能存在 8 组裂隙,分别为 110°∠40.5°、340°∠30.4°、140°∠43.5°、298°∠80.1°、170°∠63.5°、230°∠70.2°、197°∠57.4°、215°∠59.7°。

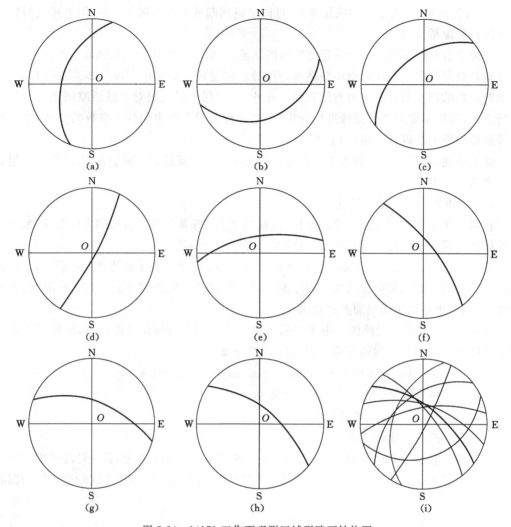

图 5-24　14171 工作面观测区域裂隙面结构图

(a) 结构面 110°∠40.5°;(b) 结构面 340°∠30.4°;(c) 结构面 140°∠43.5°;

(d) 结构面 298°∠80.1°;(e) 结构面 170°∠63.5°;(f) 结构面 230°∠70.2°;

(g) 结构面 197°∠57.4°;(h) 结构面 215°∠59.7°

井下实际观测记录数据显示,此区域优势发育方位为 NE35°与 NW65°,倾角为 125°与 200°,倾角在 45°~60°之间。综合计算结果可以发现,裂隙倾角在 40°及 60°附近,计算得到的产状为 340°∠30.4°、298°∠80.1°两组裂隙实际不存在,裂隙走向的优势发育方位为 NW 与 NE。

(3) 14171 采煤工作面裂隙图像处理分析结果

在对 14171 采煤工作面回风巷、运输巷和不同时段的采面煤壁进行连续裂隙图像采集的基础上,应用裂隙图像批量处理程序与赤平投影方法,分 6 个区段(A~F)对裂隙图像进行统计与分析,并以像素长度为单位,绘制了 6 个观测区段的裂隙面走向和倾向玫瑰花图(图 5-25~图 5-31)。

从图中可以发现,14171 采煤工作面煤层宏观裂隙产状变化比较大,可能出现 2~4 组不同倾向的裂隙。在 A、C、F 观测区段,裂隙主要倾向 SE 和 SW;在 E 观测区段,主要倾向

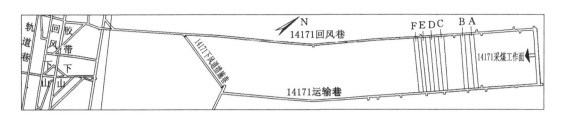

图 5-25 14171 采煤工作面裂隙图像采集区域示意图

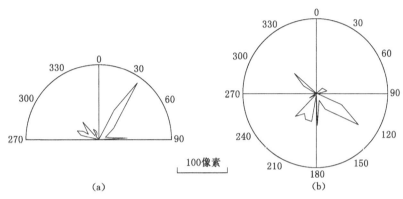

图 5-26 区段 A 统计成果

（图像采集区域：14171 运输巷统尺 537～546 m）

（a）走向玫瑰花图；（b）倾向玫瑰花图

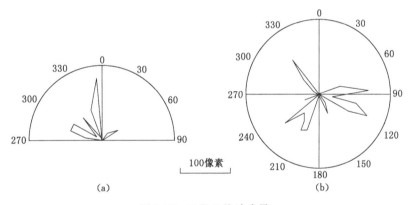

图 5-27 区段 B 统计成果

（图像采集区域：14171 运输巷统尺 516～525 m）

（a）走向玫瑰花图；（b）倾向玫瑰花图

NE 和 SE；B、D 区段甚至出现了四组倾向不同的裂隙组，分别为 NW、NE、SW 和 SE。但在走向上主要有 NE 和 NW 两个优势方位，并以 NE 向为主。

（4）15091 采煤工作面裂隙图像处理分析结果

对 15091 采煤工作面回风巷、运输巷和不同时段的采面煤壁图像进行处理，并分为 5 个区段（G～K）对裂隙图像进行了统计分析，绘制了 5 个观测区段的裂隙面走向和倾向玫瑰花图（图 5-32～图 5-37）。

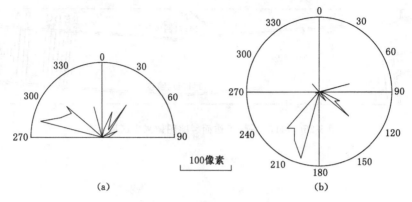

图 5-28　区段 C 统计成果

（图像采集区域：14171 运输巷统尺 470～479 m）

（a）走向玫瑰花图；（b）倾向玫瑰花图

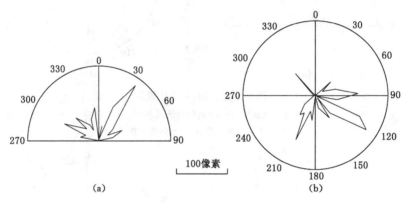

图 5-29　区段 D 统计成果

（图像采集区域：14171 运输巷统尺 451～460 m）

（a）走向玫瑰花图；（b）倾向玫瑰花图

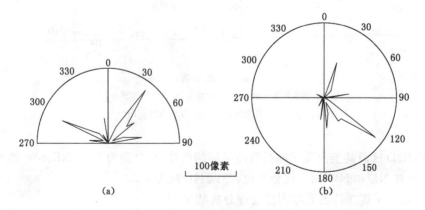

图 5-30　区段 E 统计成果

（图像采集位置：14171 运输巷统尺 432～441 m）

（a）走向玫瑰花图；（b）倾向玫瑰花图

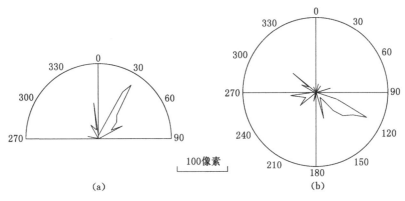

图 5-31 区段 F 统计成果

（图像采集位置：14171 运输巷统尺 416～425 m）

（a）走向玫瑰花图；（b）倾向玫瑰花图

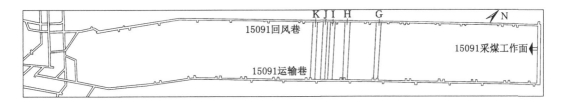

图 5-32 15091 采煤工作面观测区域示意图

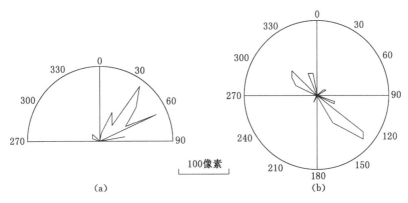

图 5-33 区段 G 统计成果

（图像采集位置：15091 运输巷统尺 650～661 m）

（a）走向玫瑰花图；（b）倾向玫瑰花图

从图中可以发现，15091 采煤工作面煤层宏观裂隙产状变化不大，走向以 NE 为优势方位，并有两个主要倾向，分别为 NW 和 SE。

（5）裂隙优势发育方位预测

从以上煤层图像处理与统计结果可以清楚地看到，不同瓦斯地质单元呈现出不同的煤层宏观裂隙发育特征。

根据 14171 采煤工作面的统计结果，预测古汉山矿瓦斯地质单元 I 的二₁煤层中发育多组宏观裂隙，优势方位不十分明显，以走向 N30°居多，其次为走向 N300°，倾向以 N120°和 N210°为主（图 5-38），并以中、低倾角裂隙比较发育，裂缝中多有密实充填的煤屑为特色。

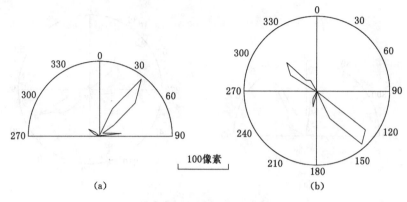

图 5-34　区段 H 统计成果

（图像采集位置：15091 运输巷统尺 576～587 m）

（a）走向玫瑰花图；（b）倾向玫瑰花图

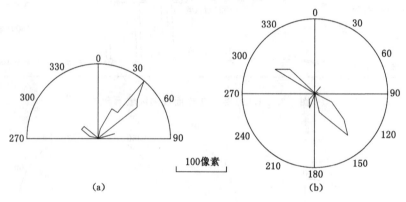

图 5-35　区段 I 统计成果

（图像采集位置：15091 运输巷统尺 540～551 m）

（a）走向玫瑰花图；（b）倾向玫瑰花图

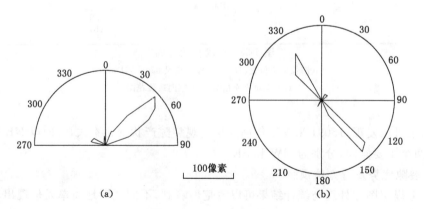

图 5-36　区段 J 统计成果

（图像采集位置：15091 运输巷统尺 523～534 m）

（a）走向玫瑰花图；（b）倾向玫瑰花图

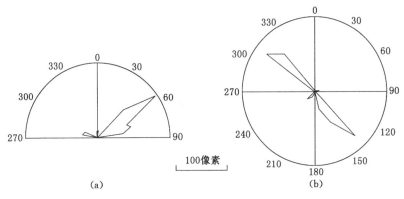

图 5-37 区段 K 统计成果

（图像采集位置：15091 运输巷统尺 499～510 m）

（a）走向玫瑰花图；（b）倾向玫瑰花图

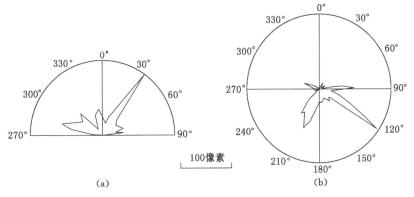

图 5-38 瓦斯地质单元 I 煤层宏观裂隙产状特征

（a）走向玫瑰花图；（b）倾向玫瑰花图

根据 15091 采煤工作面的统计结果，预测古汉山矿瓦斯地质单元 II 的二₁煤层中主要发育两组宏观裂隙，裂隙的走向以 N30°～60°为主，倾向 SE 或 NW（图 5-39），优势发育方位为 NE 方向，并以高倾角裂隙比较发育、裂缝闭合不严或只有部分填充为特色。

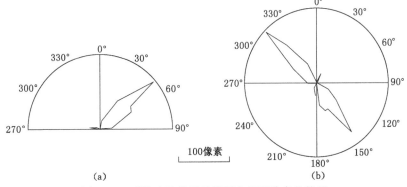

图 5-39 瓦斯地质单元 II 煤层宏观裂隙产状特征

（a）走向玫瑰花图；（b）倾向玫瑰花图

6　地应力场最大主应力方向预测方法

本章依据地应力场最大主应力方向和煤层节理裂隙以及煤层渗透性的密切联系,提出依据井下观察到的大量的巷道变形破坏特征、应力痕迹特征等,判定地应力场最大主应力方向的方法。

6.1　地应力场预测的重要意义

地应力是煤与瓦斯突出灾害发生的驱动力,煤与瓦斯突出主要发生在地质构造变化剧烈的构造应力集中区域[122,123]。在构造应力作用下,煤体原生结构受到严重破坏,软分层因受挤压拉张,煤中有机组分活动性加大,发生韧性变形,成为瓦斯突出煤体[124]。地应力的这种作用方式既降低了煤体抵抗破坏的能力,又增加了突出的动力。同时,在构造应力比较集中的地带,煤层处于强压状态,煤层渗透性大幅度降低,封闭煤层中赋存的瓦斯,导致煤层中形成压力梯度大的高压瓦斯。可以说,地应力对煤体结构和瓦斯压力均起到控制作用,为煤与瓦斯突出提供了必要的物质条件。

地应力也是影响煤层瓦斯抽采与地面煤层气开发的重要地质因素。众所周知,煤层中的裂隙是瓦斯渗流的重要通道,地应力大小和方向控制着煤储层中天然裂隙的壁距,对煤体渗透性影响重大[125,126]。当构造应力场最大主应力方向与岩层优势裂隙组发育方向一致时,裂隙面实质上受到相对拉张作用,主应力差越大,相对拉张效应越强,越有利于裂隙壁距的增大和渗透率的增高;而在最大主应力方向与岩层优势裂隙组发育方向垂直时,裂隙面受到挤压作用,主应力差越大,挤压效应越强,裂隙壁距则减小甚至密闭,渗透率降低[127]。付雪海[128]研究山西沁水盆地中、南部煤储层渗透率影响因素发现,地应力和埋深是区域煤储层渗透率的主控因素。

因此,准确把握煤矿区地应力场特征,对于煤层瓦斯灾害治理、优化煤层气井网布置与瓦斯高效抽采设计都具有重要意义。

6.2　现代地应力场分布特征及影响因素

6.2.1　全球地应力场简介

大量的统计资料表明[129],地应力场是一个三向不等压应力场,绝大部分地区的构造应力以水平应力为主,且具有明显的方向性;3 个主应力的大小均随深度增加而呈线性增长,通常最大水平主应力 σ_{hmax} 是其垂直应力 σ_v 的数倍,其比值在多数情况下大于 2。

垂直应力 σ_v 的应力值一般等于单位立方体上覆岩体的重力,且在多数情况下要小于水平主应力值。构造应力主要为水平应力,平均水平构造应力 $\sigma_{av}=(\sigma_{hmax}+\sigma_{hmin})/2$。世界范围来看,平均水平构造应力在目前的煤矿开采深度范围内较为分散,两个水平主应力差距明显,表明构造应力具有明显的方向性;随着向地壳深部发展,构造应力场逐渐趋向于静水压力状态。板块运动引起了全球大范围的构造应力,全球绝大多数地区的最大水平主应力方向与板块运动保持较为明显的一致性,反映出构造应力与板块运动的密切联系。

目前,"世界应力图项目"研究还在不断地扩展中,它收集、分析并整理了全球范围内的来自震源机制解、火山锥链、断层滑动反演、水压致裂法等资料数据,并在此基础上绘制了世界应力地图,并分析了全球现代构造应力场的总体和分区特征。

6.2.2　地应力场影响因素

在矿山开采过程中,构造应力的方向与大小对井下的巷道布置、煤层瓦斯抽采以及煤与瓦斯突出的预测等具有重要影响,然而,由于所测得的应力实际上是地壳运动形成的构造应力场与其他各类应力场叠加后的应力,因此实测数据的规律性会因各类影响因素的作用而变得不明显,进而影响其在矿山开采中的应用。

一个矿区构造应力场的分布特征,与该矿区所在地块的地质构造分布、地形地貌、岩层特征及岩石的物理力学性质等因素均有关系。分析上述因素对构造应力场分布特征的影响规律,去除这些因素对构造应力场的实测数据的影响,有助于指导今后的煤矿生产。

(1)地质构造

地质构造如断层、褶曲、结构面等均会引起构造应力场的显著变化,例如断裂构造展布的变化对构造应力场的影响。

现代构造应力场的分布特征会随着地质构造的产状变化而发生显著的改变;不同走向的断裂,其应力集中区域的分布也不尽相同。而在断裂的端部、拐角、交叉等部位常会出现应力集中现象。水平构造应力会集中存在于构造运动比较剧烈的地带,如在断层的周围常会出现应力集中现象。因此,在研究应力场时,要准确地了解构造应力场的特征及其变化规律,就必须弄清各类构造形迹的空间展布特征及其交接复合关系。

(2)地形地貌

当地表水平时,其最大主应力一般也近似水平或垂直,而当地表凹凸不平时,其应力场的分布也会受到很大的影响。例如,山谷的谷底往往是应力集中的部位,山坡处的主应力方向则会沿山坡向山底倾斜;但随埋深的不断增加,地形地貌对构造应力场分布特征的影响也会越来越弱。

(3)地表侵蚀

地表部分岩体受风化、侵蚀、雨水冲刷等作用,上覆岩层厚度减少,会造成垂直应力的减小,继而使水平应力与垂直应力比不断增大。因此,埋深较浅的岩层,其最大水平主应力与垂直应力的差值往往相差很大,但随着埋深的不断增加,这个比值会逐渐减小,直到该处应力场变为静水压型应力场为止。

(4)岩浆的侵入

岩浆侵入岩层后,会沿着岩层的层理不断扩张,会导致岩层裂隙的扩张及岩层产状的变化,这会严重破坏被侵入岩层的物理力学性质。岩浆在冷却过程中不断收缩,形成一个局部应力场。

(5)岩体力学性质

岩石的物理力学性质(如泊松比、弹性模量等)均会对现代构造应力场的分布产生影响。

如在坚硬的岩石中,由于其弹性模量较大,因此其储存应变能的能力也较大,往往在坚硬岩体中测得的应力值要大于在软弱岩层中的测量值。而在不同岩性的岩层交界面,构造应力也会发生突变。

6.2.3 煤矿区地应力场特征

中国煤炭主要是井工开采,长期的开采实践积累了丰富的地应力测试数据。康红普等[130]对煤矿地应力数据进行了统计,测试成果涵盖了全国 60 余个矿区、260 余个煤矿(包含了浅部、中深部、深部及超千米深井数据),很具有代表性。本节主要结合以上研究成果,简述中国煤矿区地应力场分布特征。

(1) 地应力大小随埋深的变化规律

地应力方向和大小与埋深密切相关,无论是竖直应力还是水平应力均随埋深呈现有规律变化特征。

对垂直应力数值进行拟合,得到其随埋深分布的回归公式:

$$\sigma_v = 0.0245H \quad (R^2 = 0.82)$$

式中　　H——埋深,m;

　　　　σ_v——垂直应力,MPa;

　　　　R^2——拟合精度相关系数。

煤矿井下的垂直应力是由于上覆岩层的重力作用所引起的,当埋深达到一定量值时,垂直应力大致相当于上覆岩层的重量。

水平主应力随埋深而变化公式为:

$$\sigma_H = 0.0215H + 3.267$$
$$\sigma_h = 0.0113H + 1.954$$

式中,σ_H、σ_h 分别为最大、最小水平主应力,MPa。

水平应力随埋深回归系数小于垂直应力的系数,其随埋深增加的速度没有垂直应力的大。而且水平应力随埋深离散型较大,只是总体上表现出测点随埋深增加而增大的趋势。

(2) 地应力场类型随埋深变化规律

根据对竖直应力、水平应力测点的统计回归分析,中国煤矿区地应力场按照埋深可以明显划分为第Ⅰ、Ⅱ、Ⅲ三个分区[130]。

第Ⅰ分区:位于埋深 148 m 以浅区域,以水平应力为主导,其中 $\sigma_H > \sigma_h > \sigma_v$,属于 σ_H 地应力场类型。

第Ⅱ分区:位于埋深 148 m 以深、1 089 m 以浅区域,以水平应力为主导,其中 $\sigma_H > \sigma_v > \sigma_h$,属于 σ_{Hv} 地应力场类型。

第Ⅲ三分区:位于埋深 1 089 m 以深区域,以竖直应力为主导,其中 $\sigma_v > \sigma_H > \sigma_h$,属于 σ_v 地应力场类型。

可以说,在中深部开采和浅部开采的矿井中,地应力均是以水平应力为主导,当开采进入千米深井阶段,地应力开始以竖直应力为主导。随着目前开采规模和开采强度的提高,开采深度正以每年平均 10~20 m 的速度延伸,大部分煤矿平均采深已达 700 m 左右,处于应力场第Ⅰ分区范围内,地应力场均应以水平应力为主,未来开采深度超过了 1 000 m 时,地应力场应以竖直应力为主,地应力场类型就会发生转变。

6.3 井巷破坏特征与地应力场关系

在现代构造应力场中,巷道所受到的水平构造应力会随着巷道埋深的增加而呈线性增长。由于高构造应力的存在,使巷道围岩中积聚了大量的弹性能,围岩处于高围压和高垂直压力状态下的三轴应力状态,巷道开挖会引起巷道围岩应力的重新分布。大量研究表明,在水平应力占主导的应力场中,巷道的布置方向对周围岩石中潜在的破坏类型和几何形状有着重要影响。因此,根据对巷道变形破坏形态的观察,反分析应力场中最大水平主应力的大体方向是完全合理可行的。

采用摩尔—库仑强度准则,通过力学分析及 FLAC3D 有限差分数值模拟分析不同侧压系数作用下巷道围岩的塑性区分布特征,分析现代构造应力场作用下的井下巷道的变形破坏特征,重点研究巷道变形破坏特征与现代构造应力场,尤其是最大主应力方向的关系。

6.3.1 地应力场中巷道变形破坏受力分析

以巷道所受 3 个主地应力方向的反方向作为固定坐标系(X,Y,Z)的 3 个坐标轴的正方向。在巷道任意截面上建立局部坐标系(x,y,z),且使 z 轴与巷道轴向一致,x 轴正向指向巷道的高边,y 轴由右手螺旋法则确定。圆柱坐标系(r,θ,z)中的角变量 θ 为(x,y,z)中巷道壁上任意一点与 x 轴的夹角。固定坐标系(X,Y,Z)与局部坐标系(x,y,z)之间的转化关系如图 6-1 所示。

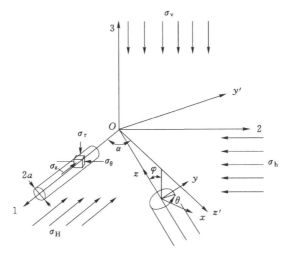

图 6-1 巷道坐标系转换示意图

从弹性力学应力和位移叠加原理出发,将井巷周围的应力问题简化为三维应力场＝平面应变＋面外剪切＋单轴压缩的全平面应变问题。由弹性力学应力转轴公式可得出巷道围岩的应力分布如下:

$$\sigma_r = 0$$
$$\sigma_\theta = \sigma_{xx} + \sigma_{yy} - 2(\sigma_{xx} - \sigma_{yy})\cos 2\theta - 4\tau_{xy}\sin 2\theta$$
$$\sigma_z = \sigma_{zz} - \mu\left[2(\sigma_{xx} - \sigma_{yy})\cos 2\theta - 4\tau_{xy}\sin 2\theta\right]$$

$$\tau_{r\theta} = 0$$

$$\tau_{rz} = 0$$

$$\tau_{\theta z} = 2(\sigma_{yz}\cos\theta - \sigma_{xz}\sin\theta)$$

式中　σ_r,σ_θ,σ_z——(r,θ,z)坐标系中的正应力,MPa;

σ_{xx},σ_{yy},σ_{zz}——(x,y,z)坐标系中的正应力,MPa;

μ——岩石的泊松比;

τ_{xy},τ_{yz},τ_{xz}——(x,y,z)坐标系中的剪应力,MPa;

$\tau_{r\theta}$,τ_{rz},$\tau_{\theta z}$——(r,θ,z)坐标系中的剪应力,MPa。

由局部坐标系(x,y,z)与固定坐标系(X,Y,Z)的转换关系,局部坐标系下的应力张量可由主应力场结合巷道方位表达,即:

$$\sigma_{xx} = (\sigma_h\sin^2\alpha + \sigma_H\cos^2\alpha)\cos^2\varphi + \sigma_v\sin^2\varphi$$

$$\sigma = \sigma_h\cos^2\alpha + \sigma_H\sin^2\alpha$$

$$\sigma_{zz} = (\sigma_h\sin^2\alpha + \sigma_H\cos^2\alpha)\sin^2\varphi + \sigma_v\cos^2\varphi$$

$$\tau_{xy} = \frac{1}{2}(\sigma_H - \sigma_h)\sin 2\alpha\cos\varphi$$

$$\tau_{yz} = \frac{1}{2}(\sigma_H - \sigma_h)\sin 2\alpha\sin\varphi$$

$$\tau_{xz} = \frac{1}{2}(\sigma_H\cos^2\alpha + \sigma_h\sin^2\alpha - \sigma_v)\sin 2\varphi$$

式中,σ_H 和 σ_h 分别为最大和最小水平主应力,MPa;σ_v 为上覆岩层压力,MPa;φ 为巷道 z 轴与主应力 σ_v 方向的夹角,(°);α 为巷道 z 轴与最大水平主应力 σ_H 方向的夹角,(°)。

对于与水平应力呈平行或垂直的水平巷道($\varphi = 90°,\alpha = 0°$或 $90°$)而言,则可以将三维应力问题简化为平面应力问题。此时,井巷周围的应力分布为:

$$\sigma_r = \frac{(1+\lambda)\sigma_v}{2}\left(1 - \frac{a^2}{r^2}\right) + \frac{(\lambda-1)\sigma_v}{2}\left(1 - \frac{4a^2}{r^2} + \frac{3a^4}{r^4}\right)\cos 2\theta$$

$$\sigma_\theta = \frac{(1+\lambda)\sigma_v}{2}\left(1 + \frac{a^2}{r^2}\right) - \frac{(\lambda-1)\sigma_v}{2}\left(1 + \frac{3a^4}{r^4}\right)\cos 2\theta$$

$$\tau_{r\theta} = -\frac{(\lambda-1)\sigma_v}{2}\left(1 + \frac{2a^2}{r^2} - \frac{3a^4}{r^4}\right)\sin 2\theta$$

式中,λ 为侧压系数。

已知巷道任一点的径向应力 σ_r、切向应力 σ_θ、剪应力 $\tau_{r\theta}$,可由下式求得此点的主应力:

$$\sigma_1 = \frac{\sigma_r + \sigma_\theta}{2} + \sqrt{\left(\frac{\sigma_r - \sigma_\theta}{2}\right)^2 + \tau_{r\theta}^2}$$

$$\sigma_3 = \frac{\sigma_r + \sigma_\theta}{2} + \sqrt{\left(\frac{\sigma_r - \sigma_\theta}{2}\right) + \tau_{r\theta}^2}$$

式中,σ_1 为最大主应力;σ_3 为最小主应力。

由上式可以得到构造应力场中巷道围岩主应力:

$$\sigma_1 = \frac{(1+\lambda)\sigma_v}{2} - \frac{(\lambda-1)\sigma_v a^2}{r^2}\cos 2\theta + \frac{\sigma_v}{2}\beta$$

$$\sigma_3 = \frac{(1+\lambda)\sigma_v}{2} - \frac{(\lambda-1)\sigma_v a^2}{r^2}\cos 2\theta - \frac{\sigma_v}{2}\beta$$

式中：

$$\beta = \sqrt{\left[(\lambda+1)\frac{a^2}{r^2}-(\lambda-1)\left(1-\frac{2a^2}{r^2}+\frac{3a^4}{r^4}\right)\cos 2\theta\right]^2+\left[(\lambda-1)\left(1+\frac{2a^2}{r^2}-\frac{3a^4}{r^4}\right)\sin 2\theta\right]^2}$$

由摩尔—库仑强度准则可知，在塑性区内任一点的主应力满足：

$$\sigma_1 = \frac{1+\sin\varphi}{1-\sin\varphi}\sigma_3+\frac{2C\cos\varphi}{1-\sin\varphi}$$

式中，φ 为岩石的内摩擦角；C 为岩石的内聚力。

将上述两式结合，就可得到在现代构造应力场作用下巷道的塑性区分布。

$$\left[(1+\lambda)\sigma_v-2(\lambda-1)\frac{\sigma_v a^2}{r^2}\cos 2\theta\right]\sin\varphi-\sigma_v\beta+2C\cos\varphi=0$$

由上式可知，构造应力场中巷道塑性区的影响因素包括侧压系数 λ、垂向应力 σ_v、岩石的内摩擦角 φ 和岩体的内聚力 C。

下面假设一岩体所受侧压系数 $\lambda=2.0$，垂直应力 $\sigma_v=10$ MPa，内聚力 $C=1$ MPa，内摩擦角 $\varphi=40°$时，分别改变各个系数，并对各影响因素进行讨论。

（1）侧压系数 λ

侧压系数 λ 分别取 0.5、1、1.5、2、2.5 时，巷道周围的塑性区具有不同分布特征。当侧压系数 $\lambda<1.0$ 时，塑性区主要集中在巷道的两帮；随着侧压系数的不断增大，巷道的塑性区逐渐由两帮向巷道的顶、底部转移；当 $\lambda>1$ 时，塑性区主要集中在巷道顶、底板，这说明水平构造应力主要作用于巷道的顶、底板。

（2）围岩垂直应力 σ_v

围岩所受垂直应力 σ_v 由 5 MPa 逐渐增大到 20 MPa 过程中，随着垂直应力的不断增加，巷道围岩塑性区范围也会逐渐增大。说明了随着埋深的不断增加，巷道的变形破坏现象也越来越明显，对巷道支护要求也越来越高。

（3）内聚力 C

当巷道围岩的内聚力 C 逐渐增大时，增强了巷道的稳定性，减小了巷道周围各位置的塑性区范围。

（4）内摩擦角 φ

随着巷道围岩内摩擦角 φ 逐渐增加，巷道的稳定性也随之增加，巷道周围各位置塑性区范围则逐渐减小。

从以上分析可知，巷道围岩的力学性质对巷道稳定性影响具有对称性，随着围岩强度的不断增加，巷道的稳定性越来越好；随着外界施加的围岩压力的逐渐增加，巷道周围各处的稳定性也越来越差。也就是说，随着开采深度的逐渐增加，巷道的维护也会变得越来越困难；构造应力对巷道的稳定性影响是不对称的，水平应力主要作用于巷道顶、底板，垂向应力则主要影响巷道两帮的稳定性。

6.3.2　应力痕迹特征与地应力场最大水平主应力关系

围岩破坏特征与地应力场最大水平主应力方向具有密切关系，国内外研究者从减少巷道维护成本、延长巷道服务寿命方面进行了大量研究。根据前人研究成果[131,132]，煤矿井下常见的破坏特征有巷道顶板槽沟式破坏、巷道顶板张裂隙、巷道顶板椭圆形冒顶、巷道顶板钻孔闭合、巷道顶板剪切面等。由于这些围岩破坏特征均与地应力场水平主应力存在着极为密切的联系,以下将这些变形破坏统称为应力痕迹。

应力痕迹特征与水平应力关系如表 6-1 所示。

表 6-1　井下应力痕迹特征与地应力场水平应力关系

破坏特征	对最大水平主应力方向指示
巷道顶板槽沟式破坏	位于巷道中央,则巷道轴向与最大水平主应力方向呈大角度相交; 位于巷道边缘处,则巷道轴向与最大水平主应力方向呈小角度相交
巷道顶板张裂隙	裂隙走向平行于最大主应力方向
巷道顶板椭圆形冒顶	椭圆形长轴垂直于最大主应力方向
巷道钻孔闭合	钻孔闭合运动方向平行于最大主应力方向
剪切面	剪切面走向垂直于最大主应力方向

巷道顶板槽沟式破坏是出现在巷道掘进工作面一侧的沟状破坏,这主要是因为巷道轴线与最大水平主应力方向与呈一定夹角所造成的。因此,根据巷道表现出的"槽沟式破坏"的部位、破坏的程度,可以大致推断最大水平主应力方向。

顶板张裂隙[133]是由于受到开挖的影响,围岩由原来的三向应力状态转变为二向应力状态,甚至还会出现单向应力状态,巷道顶板在最小水平主应力方向受到相对拉张作用而产生大量的次生张裂隙,次生张裂隙沿最大水平主应力方向扩展。

巷道顶板椭圆形冒顶[134]是巷道在水平应力的作用下弯曲变形,并逐步发生剪切破坏,形成类似于椭圆形的顶板冒落形状。在较强构造应力作用下的矿井,这种巷道破坏形式比较常见,椭圆形冒顶的长轴方向垂直于最大水平主应力方向。

巷道顶板施工的锚杆钻孔、地质探测钻孔在一段时间之后往往发生闭合特征[131],其实质就是因为巷道顶板钻孔长期处于高水平应力作用之下,钻孔边缘岩层会发生侧向的位移变化,原来的圆形钻孔就会逐渐变为椭圆形状,顶板钻孔椭圆形闭合的最大偏移量方向就是最大主应力的方向。

巷道顶板剪切面破坏指井下巷道顶板在水平应力作用下,不断产生低角度剪切裂纹。当主应力方向近似水平或垂直时,裂纹的走向将垂直于最大主应力的方向[132]。

6.3.3　巷道变形破坏的数值模拟分析

利用 FLAC3D 有限差分数值模拟软件分析了不同侧压系数下拱形巷道塑性区分布规律,揭示了巷道变形破坏特征与现代构造应力场最大主应力方向之间的相关关系。

(1)数值模拟的建立

以 FLAC3D 有限差分数值模拟软件建立了三维数值模型,如图 6-2 所示。三维模型的外形尺寸为长×宽×高=20 m×20 m×24 m,共划分 10 640 个单元。拱形巷道位于模型中心,巷道底宽 4 m,中高 3 m。模型左右边界只约束 x 方向的位移,前后边界只约束 y 方向的位移,模型下边界全约束,模型上边界不约束;在上边界施加 10 MPa 的垂直应力,依次按侧压系数 λ 为 0.2、0.5、1.0、1.5、2.0、2.5 选取水平最大应力进行加载。

(2)计算结果及分析

对巷道加载平行于巷道方向的轴向应力 $\sigma_z = 10$ MPa 的载荷时,不同侧压系数下的巷道塑性区范围如图 6-3 所示。

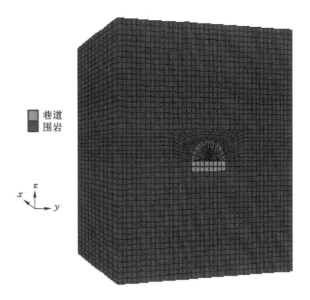

图 6-2　数值分析模型

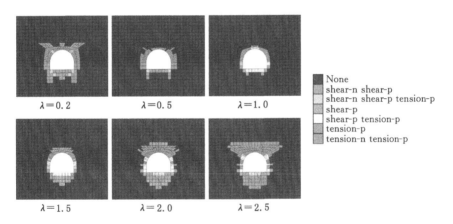

图 6-3　不同侧压系数下的巷道塑性区分布

从图 6-3 可以看出,巷道的变形破坏特征与侧压系数 λ 的大小密切相关。当 $\lambda<1$ 时,巷道周围的塑性区主要集中在巷道两帮,且为剪切破坏,塑性区范围随着侧压系数的增大而减小;此时,该巷道所处的现代构造应力场最大主应力方向应为竖直向。而当 $\lambda>1$ 时,即作用在巷道两侧的水平应力大于垂直应力时,巷道的塑性区主要位于顶、底板上,巷道两帮主要为拉伸破坏;此时,该巷道所处现代构造应力场最大主应力方向应为该巷道轴向的垂直方向。可见,巷道的变形破坏特征与现代构造应力场最大主应力方向密切相关。

按照竖直应力 σ_v、最大水平主应力 σ_H、最小水平主应力 σ_h 之间大小关系,我国煤矿区地应力场类型分为 $\sigma_H>\sigma_h>\sigma_v$ 型、$\sigma_H>\sigma_v>\sigma_h$ 型、$\sigma_v>\sigma_H>\sigma_h$ 型[135,136]。现场观测及实验室研究发现[137,138],不同地应力场类型条件下巷道呈现不同变形破坏特征。

由图 6-3 还可以看出,当巷道处于 $\sigma_v>\sigma_H>\sigma_h$ 型地应力场中(侧压系数小于 1)。巷道的变形破坏区域主要集中于巷道两帮及拱 45°处,破坏区范围随着侧压系数的增大而减小。

当巷道处于 $\sigma_H > \sigma_h > \sigma_v$ 型地应力场中(侧压系数大于1)。巷道周围的塑性破坏区主要位于顶、底板上,破坏区范围随着侧压系数的增大而增大。

当巷道处于 $\sigma_H > \sigma_v > \sigma_h$ 型地应力场中(侧压系数大于1)。当巷道轴向与最大水平主应力呈小角度相交时,巷道塑性破坏区位于两帮;当巷道轴与最大水平主应力呈大角度相交,巷道塑性破坏区位于顶、底板。

6.4　煤矿的应力场方向预测方法

目前我国煤矿采深普遍达到700 m范围,处于地应力场第Ⅱ分区阶段,地应力场最大主应力为水平主应力 σ_H,中间主应力为竖直应力 σ_v,最小主应力为水平应力 σ_h。因此,只要掌握最大水平主应力 σ_H 方向,便可以推断其他两个方向应力状态,煤矿的应力场主应力方向预测的关键是预测最大水平主应力方向。

随着煤矿井下巷道围岩不断被揭露,大量丰富的井巷变形破坏信息能够被容易地观测,地应力场最大水平主应力预测可以在综合分析巷道破坏形态的基础上,结合井下应力痕迹特征观测分析。

首先,在同一岩层内,选择同一时期施工、支护形式基本相同的交叉巷道。如图6-4所示,通过对巷道1变形破坏特征观测分析,可以获得巷道横断面上垂直主应力 σ_v 和水平主应力 σ_{H1} 的大小关系。

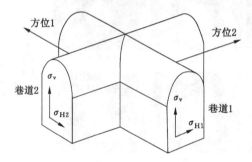

图6-4　交叉巷道联合确定现代构造应力场特征示意图

其次,通过对巷道2变形破坏特征观测分析,可以获得巷道2横断面上垂直主应力 σ_v 和水平主应力 σ_{H2} 的大小关系。对于 σ_v 型应力场,最大主应力的方向竖直。而对于 σ_H 和 σ_{Hv} 型应力场,则可通过对比多条巷道变形破坏的强弱程度,推测出该应力场中最大主应力方向:即该巷道所处位置地应力场最大水平主应力的方向垂直于顶板破坏最为严重巷道的轴向。

同时,对井下应力痕迹特征进行现场观测,提取对地应力场有指示意义的应力痕迹特征信息,就可以对观测地点地应力场最大水平主应力方向做出判断预测。

通过井下交叉巷道变形破坏特征与应力痕迹特征观测分析,就可以对地应力场最大主应力场方向做出判断预测。这种地应力场主应力方向预测方法节约了现场测试工程费用,适合工作面局部范围内地应力场主应力方向预测,是一种既简单又容易操作的技术,很容易在煤矿生产中得到推广应用。

6.5 现场应用

6.5.1 井巷变形破坏特征观测

为了获取古汉山矿井现代构造应力场的主应力方向特征,首先,对全矿井范围内发生的冒顶、片帮等破坏现象的巷道进行了观测与记录,主要观测了受采动影响较小的井底车场和西翼运输大巷及 14 采区、15 采区、16 采区及其附近巷道的变形破坏特征、位置及其支护方式,并对所观测巷道的掘进时间和返修记录等资料进行了统计(表 6-2)。

表 6-2 巷道变形破坏信息统计表

巷道名称	破坏特征	支护方式	掘进或最近返修时间
西翼总回风巷	顶板破碎、垮塌	上半段 U 钢棚＋喷浆支护,下半段锚网喷支护	2014 年修理
15091 运输斜巷	右帮片帮、煤壁破碎	工钢棚支护	2012 年掘进
14 延伸轨道	巷道喷体开裂严重且变形	锚网＋全断面喷浆	2014 年修理
14 延伸回风下山	巷道喷体开裂严重且变形	锚网喷支护	2007 年 7 月扩巷
14 延伸四车场回风眼	巷道底鼓,围岩破碎开裂,局部冒顶	U 钢棚＋喷浆支护	2014 年 3 月修理
16 回风上山中段	巷道顶板喷体开裂严重、底鼓	锚网喷＋U 钢棚喷、锚索	2013 年 4 月扩修
东、西石门	围岩破碎开裂,多处出现冒顶	锚网喷＋U 钢棚喷、锚索	2013 年 12 月修理
矿井回风改造巷	巷道底鼓,围岩破碎开裂,局部冒顶	锚网喷、锚索、架 U 钢棚喷	2013 年 10 月修理
回风石门	巷道底鼓,围岩破碎开裂,局部冒顶	锚网喷、锚索、架 U 钢棚喷	2013 年 10 月修理
15091 工作面回风巷	巷道缩径,冒顶掉块、上帮破坏严重	锚网＋锚索支护,断面为斜矩形,外段局部地方用工钢棚支护	2013 年掘进
16 轨道下山	拱顶下沉冒落,断面呈反拱形,并伴随严重底臌	锚网喷支护,少部分 U 钢棚＋喷浆支护	2011 年掘进
14 改造回风	拱顶受挤脱落,锚杆失效,断面呈反拱形	锚网喷支护	2012 年掘进
16 上部车场	巷道顶板喷体开裂严重、底鼓	锚网喷支护,少部分 U 钢棚＋喷浆支护	2012 年部分返修
15091 回风平巷	巷道冒顶	工钢棚支护	2012 年掘进
1602 底抽巷	轻微冒顶	锚网喷支护	2013 年掘进

其次,采用应力痕迹填图的方法针对采煤工作面及其运输、回风巷等煤矿井下暴露出巷

道围岩的区域,进行对现代构造应力场具有示踪意义的应力痕迹的观测(表 6-3)、记录及拍照。将井下观测到的记录,提取出分析主应力方向的信息,将其绘制到采掘平面图的相应位置,进而确定观测地点的现代构造应力场的最大主应力方向。

表 6-3　应力痕迹信息统计

观测地点	应力痕迹特征	观测内容
14171 运输平巷统尺 5 m 处	张裂隙	走向 60°,长 1 m
14171 运输平巷统尺 7 m 处	张裂隙	走向 50°,长 1.5 m
14171 运输平巷统尺 20 m 处	椭圆形冒顶	长轴长 2.9 m,走向 90°
14171 运输平巷统尺 25 m 处	椭圆形冒顶	长轴长 2.5 m,走向 80°
14171 运输平巷统尺 50 m 处	张裂隙	走向 80°,长 2 m
14171 运输平巷统尺 205 m 处	张裂隙	走向 75°,长 3 m
14171 运输平巷统尺 215 m 处	椭圆形冒顶	长轴长 2.5 m,走向 130°
14171 运输平巷统尺 258 m 处	张裂隙	走向 85°,长 6 m
14171 运输平巷统尺 328 m 处	张裂隙	走向 85°,长 5 m
14171 运输平巷统尺 377 m 处	椭圆形冒顶	长轴长 2 m,走向 30°
14171 运输平巷统尺 388 m 处	椭圆形冒顶	长轴长 3 m,走向 30°
14171 运输平巷统尺 391 m 处	槽沟破坏	走向 120°
14171 运输平巷统尺 566 m 处	张裂隙	走向 70°,长 3 m
15091 运输平巷统尺 200～300 m	槽沟破坏	靠近巷道下帮沿巷道轴向延伸
15091 运输平巷统尺 180 m 处	张裂隙	走向 65°,长 1 m
15091 运输平巷统尺 300 m 处	张裂隙	走向 82°,长 1 m
15091 运输平巷统尺 340 m 处	张裂隙	走向 90°,长 0.5 m
15091 运输平巷统尺 350 m 处	张裂隙	走向 70°,长 0.5 m
15091 运输平巷统尺 468 m 处	椭圆形冒顶	长轴走向 135°,长 2 m
15091 运输平巷统尺 518 m 处	掏槽破坏	走向 55°,长 5 m
15091 运输平巷统尺 530 m 处	张裂隙	走向 110°,长 3 m
15091 运输平巷统尺 535 m 处	张裂隙	走向 105°,长 2 m
15091 回风平巷统尺 870 m 处	椭圆形冒顶	长轴长 0.5 m,走向 135°
15091 回风平巷统尺 880 m 处	张裂隙	走向 70°,长 2 m
15091 回风平巷统尺 410 m 处	张裂隙	走向 80°,长 0.5 m

6.5.2　地应力场主应力方向分析

将井下观测到的巷道破坏信息进行整理,绘制到对应的巷道位置,结合收集到的有关巷道资料进行最大主应力方向的分析。可以得到,沿 NW～NE 方向的巷道无论是从顶板的破坏程度还是规模,都要远大于其他轴向的巷道,说明古汉山矿在该地区存在明显的高构造应力,最大主应力方向使得巷道的变形破坏也具有明显的方向性。

西翼运输大巷相邻巷道,轴向 N30°W 的一四改造进风巷顶板破坏现象最为严重,推测该区域的最大水平主应力方向应为 N60°E。井底车场相邻巷道,轴向 N15°W 的运输石门顶板有比较严重的喷体开裂,且局部有冒顶现象,而轴向 N35°E 推测该区域的最大水平主应力方向应为 N75°E。

14171 运输平巷和 15091 采煤工作面的最大主应力方向为 NE 向,与该矿实测所得的主应力方向一致。由于受地质构造等因素的影响,主应力方向在不同的巷道位置方向发生了一定的偏转。

再结合古汉山矿目前的开采深度达 600 m,位于第 II 地应力场分区范围内,该矿地应力场为力 σ_{Hv} 型,最大水平应力为 NE 向,那么最小水平主应力为 SW 向。矿井水压致裂法实测地应力场最大主应力方向为 N73°E[139](表 6-4),现场实测结果与本书关于地应力场主应力方向的预测结果基本吻合,进一步说明了本方法关于地应力场最大主应力方向预测结果的准确性。

表 6-4 古汉山矿最大主应力方向实测结果

测量方法	测点位置	测点深度/m	最大水平主应力方向
水压致裂	西大巷统尺 240 m 处	500	N73°E

7　工作面四维瓦斯地质分析和预测方法

所谓的"四维瓦斯地质研究"是注重瓦斯地质条件时空四维变化的瓦斯地质理论和方法研究。

本章探索工作面开采过程中构造应力场、采动应力场、瓦斯渗流场耦合作用特点,揭示地质构造附近煤与瓦斯突出动力灾害发生的时空动态规律,提出基于开采煤层空间瓦斯地质条件分布及其动态演化的四维瓦斯地质工作方法,将利用瓦斯地质进行煤与瓦斯突出预测工作推向动态。

7.1　工作面四维瓦斯地质研究的重要意义

采煤工作面煤(岩)体中瓦斯的聚集和运移,既受地质因素的制约,也受采动因素的影响,而且具有显著的时空四维变化特点[140]。在采动影响下,断裂构造可能发生新的活动和力学性质的转化,煤层瓦斯渗流场具有随采煤工作面推进发生动态变化的规律[141]。因而,需要从时空四维的视角,开展采煤工作面瓦斯地质研究。

Niyazi Bilim[142]的研究发现,采场支撑压力发生周期性变化,进而使煤体破裂并使原有裂隙发生力学性质改变;D.N.Whittlesa[141]通过对采场的计算机模拟证明,在长壁采煤过程中,受采动应力场周期性变化的影响,煤层及其围岩力学性质发生变化,从而影响了布设在采动区不同位置钻孔的瓦斯抽采效果。李树刚[143]认为,煤层瓦斯具有"卸压增流效应"。钱鸣高等[144,145]揭示了采动覆岩裂隙分布和瓦斯运移与聚集的规律。

总而言之,煤矿生产实践和以往科研成果均表明,在煤矿瓦斯治理工作中,必须重视瓦斯地质条件的时空四维变化特点,从时间和空间角度开展工作面瓦斯防治工作。

7.2　地质构造与地应力耦合作用

地质构造附近存在局部构造应力场异常,其应力场大小、方向性均可能发生不同程度的改变[146]。这种应力场上的差异对煤层瓦斯三维流动、煤与瓦斯突出危险性造成显著影响[147]。开采活动将改变工作面原岩应力场的平衡状态,在采场不同空间位置处采动应力场与构造应力场产生叠加耦合作用,导致工作面在不同开采时刻、不同开采位置三向应力场、瓦斯三维流动和煤与瓦斯突出危险性也不相同。

本节通过数值模拟、理论分析等方法对采煤工作面开采过程中小构造附近应力场进行模拟分析,从而揭示开采过程中断裂构造、褶曲构造和煤厚异变附近采动应力场与构造应力场叠加演化规律,来探讨应力场演化规律及对瓦斯突出灾害的影响。

7.2.1　小断层构造附近应力场演化及对瓦斯突出的影响

采煤工作面开采空间范围相对较大,工作面前方煤层当中可能隐伏着各种类型小断层。

下面通过数值模拟方法,从理论上分析与工作面开采方向呈不同夹角的小断层附近应力场动态演化特征,以期为煤矿现场煤层小断层附近瓦斯突出防治工作提供理论指导。

7.2.1.1　研究方案

FLAC3D 为显式有限差分计算程序,由于其对三维岩土工程非线性、大变形具有良好的求解性能,使其迅速在采矿、岩土、隧道工程等多个工程领域获得了广泛应用[148,149]。

根据古汉山矿地质条件,利用 FLAC3D 数值模拟软件建立三维地层模型,采煤工作面沿 y 方向布置,沿 x 方向开采,小断层位于模型中部。考虑到自然界当中小断层可能会在空间各个方位发育的特点,为了使研究问题更具有普遍性,分别建立了走向与工作面开采方向夹角为 0 的断层[代表实际空间内走向与工作面开采方向近于一致类断层,简称 0 夹角断层,如图 7-1(a)所示]、走向与工作面开采方向夹角为 45°的断层[代表实际空间内走向与工作面开采方向呈一定夹角类断层,简称 45°夹角断层,如图 7-1(b)所示]、走向与工作面开采方向夹角为 90°的断层[代表实际空间内走向与工作面开采方向近于垂直类断层,简称 90°夹角断层,如图 7-1(c)所示],三维数值计算模型长、宽、高分别为 200 m×160 m×130 m。

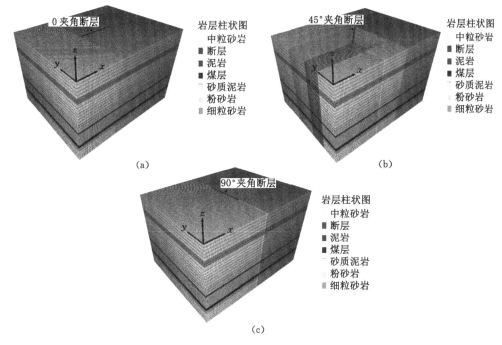

图 7-1　断层构造三维计算模型及网格划分

(a) 0 夹角断层;(b) 45°夹角断层;(c) 90°夹角断层

根据煤层小断层发育的形态特征,数值模型中小断层沿走向延伸 60 m 而尖灭,由于断层落差较小,模拟中不再考虑断层两盘落差,断层带以宽度为 2 m 的软弱带来模拟[150]。模型的四个侧面及底面为滚支边界,模型的顶部为应力边界,在模型顶部施加竖直应力以模拟上覆岩层载荷,沿模型 x 轴方向、y 轴方向施加地应力场水平主应力。

工作面长度为 100 m,沿 y 方向布置,沿 x 方向开采,自模型左侧边界位置($x=0$)开采至断层位置,工作面开采高度为 5 m,每步开采长度为 2 m,用弱力学性质岩层模拟开挖过程,在工作面两侧各留 30 m 保护煤柱。

模拟计算过程中采用摩尔—库仑强度准则,地应力施加后计算至平衡状态求解,工作面每次开挖迭代 1 000 次运算求解。采空区充填体力学参数参考实验室测试结果进行选取[151]。根据古汉山矿及邻近矿井测试的岩石力学参数,考虑岩石与岩体之间差异性[152],来确定模拟使用煤岩体物理力学参数,如表 7-1 所示。

表 7-1 煤岩体物理力学参数

岩石名称	厚度 /m	密度 /(kg/m³)	弹性模量 /GPa	泊松比 (μ)	内聚力 /MPa	抗拉强度 /MPa	内摩擦角 /(°)
砂质泥岩	23	2 652	5.39	0.25	4.78	0.50	33
细粒砂岩	8	3 718	10.57	0.23	14.00	1.75	35
砂质泥岩	6	2 652	5.39	0.25	4.78	0.50	33
中粒砂岩	8	3 881	7.97	0.28	17.00	1.70	30
砂质泥岩	19	2 652	5.39	0.25	4.78	0.50	33
粉砂岩	13	2 665	10.51	0.23	8.35	1.09	46
泥 岩	3	2 517	4.08	0.28	2.22	0.43	27
粉砂岩	21	2 665	10.51	0.23	8.35	1.09	46
二₁煤	5	1 652	2.95	0.31	2.90	0.65	40
粉砂岩	6	2 665	10.51	0.23	8.35	1.09	46
中粒砂岩	18	3 881	7.97	0.24	17.00	1.70	30
断层构造煤		1 900	1.20	0.42	0.10	0.80	37
采空区充填体		2 900	1.40	0.31	1.12	0.50	50

矿井地应力测试结果表明[139,153],地应力场最大主应力方向接近水平,而且中间主应力和竖直应力值差别很小。因此,参考同埋深条件下地应力实测值,模拟过程中地应力场最大水平主应力按照 20 MPa 施加,竖直应力按照 8 MPa 施加,最小水平主应力按照 10 MPa 施加。

模拟过程中工作面始终沿 x 方向开采,为了模拟地应力场最大水平主应力方向对开采的影响,最大水平主应力按照 2 种方案施加:① 沿 x 方向施加地应力场最大水平主应力,以模拟工作面平行最大主应力方向开采时小断层附近应力场演化特征;② 沿 y 方向施加地应力场最大水平主应力,以模拟工作面垂直最大主应力方向开采时小断层附近应力场演化特征。

7.2.1.2 小断层附近应力场演化特征

(1)平行最大主应力方向开采时小断层附近应力场演化特征

当工作面未开采时、距离断层 20 m 时、距离断层 6 m 时,小断层附近最大主应力分布如图 7-2、图 7-3、图 7-4 所示。

由图 7-2(a)、图 7-3(a)、图 7-4(a)可以看出,不同走向小断层附近地应力场分布特征存在显著差异,0 夹角断层应力集中区主要沿断层走向两侧分布,45°夹角断层应力集中区沿断层端部偏一侧分布,90°夹角断层应力集中区沿断层正端部分布。其中,0 夹角断层应力集中系数为 1.1,45°夹角断层应力集中系数为 1.6,90°夹角断层应力集中系数为 1.3,45°夹角断层应力集中区分布范围分布最广,应力集中程度最大。

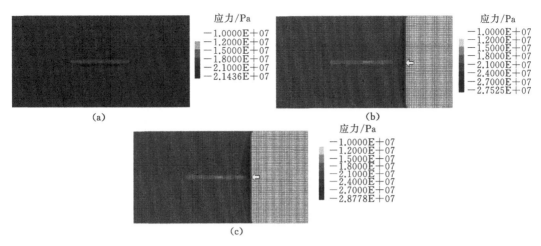

图 7-2　平行最大主应力开采过程中 0 夹角断层附近最大主应力演化特征

（a）工作面未开采；（b）工作面距断层 20 m；（c）工作面距断层 6 m

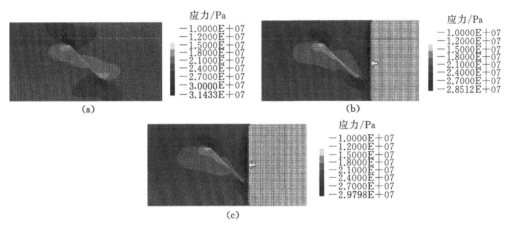

图 7-3　平行最大主应力开采过程中 45°夹角断层附近最大主应力演化特征

（a）工作面未开采；（b）工作面距断层 20 m；（c）工作面距断层 6 m

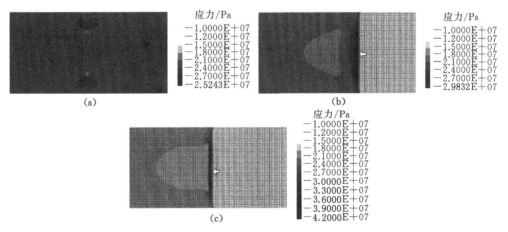

图 7-4　平行最大主应力开采过程中 90°夹角断层附近最大主应力演化特征

（a）工作面未开采；（b）工作面距断层 20 m；（c）工作面距断层 6 m

由图 7-2(b)、图 7-3(b)可以看出,当工作面开采至距离断层 20 m 时,由于采动应力的叠加作用,0 夹角断层、45°夹角断层附近构造应力逐渐得到释放,应力集中区分布范围缩小,应力值降低。这一阶段工作面采动应力峰值在 28 MPa 左右,应力集中系数为 1.4。

由图 7-2(c)、图 7-3(c)可以看出,当工作面继续开采至距离断层 6 m 时,0 夹角断层、45°夹角断层附近构造应力得到进一步释放,构造应力已处于较低的应力水平。由于断层附近构造应力几乎完全释放,整个开采过程中采动应力变化很小,在工作面中部的断层带、工作面两端部应力值差别不大。

对于 90°夹角断层来说[图 7-4(b)、图 7-4(c)],工作面开采至距离断层 20 m 时,断层附近构造应力逐渐得到释放,应力集中区分布范围缩小,应力值降低,这一阶段采动应力峰值在 30 MPa 左右,应力集中系数为 1.5;当工作面继续开采至距离断层 6 m 时,断层附近构造应力进一步得到释放,构造应力与采动应力叠加效应较弱。但由于断层不连续面形成的应力阻隔效应,沿断层走向逐渐出现了高应力分布区,引起了在工作面中部的断层带、工作面两端部采动应力大小呈现显著差异。在工作面中部应力值高达 42 MPa,应力集中系数为 2.1,而在工作面两端部应力值在 30 MPa 左右,应力集中系数为 1.5。可以看出,工作面整个开采过程中,在工作面两端部一直处于较低应力状态,而断层附近应力呈现逐渐积累增大的动态变化特征,在揭露断层时应力积累达到了峰值状态,断层附近高应力状态为瓦斯突出发生提供了有利条件。

为进一步分析小断层附近应力场演化对煤层瓦斯突出部位造成的影响,在工作面端部、中部煤层(断层与工作面之间煤层)中布置位移监测点,监测每次开挖后工作面前方煤层中 x 方向位移变化。工作面前方煤层中 x 向位移监测结果如图 7-5、图 7-6、图 7-7 所示。

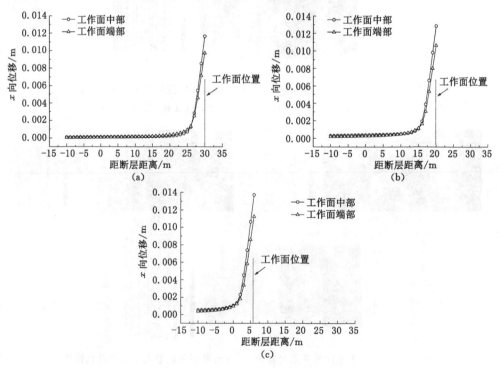

图 7-5　平行最大主应力开采夹角 0 断层附近工作面前方煤层 x 向位移演化特征
(a) 工作面距断层 30 m;(b) 工作面距断层 20 m;(c) 工作面距断层 6 m

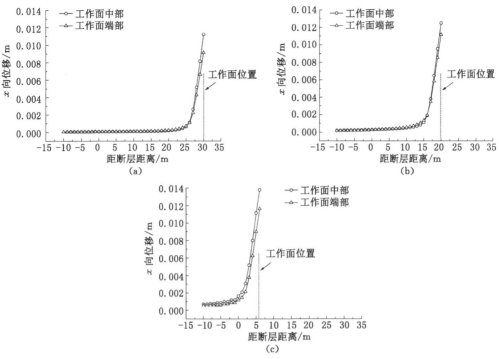

图 7-6 平行最大主应力开采夹角 45°断层附近工作面前方 x 向位移演化特征

(a) 工作面距断层 30 m；(b) 工作面距断层 20 m；(c) 工作面距断层 6 m

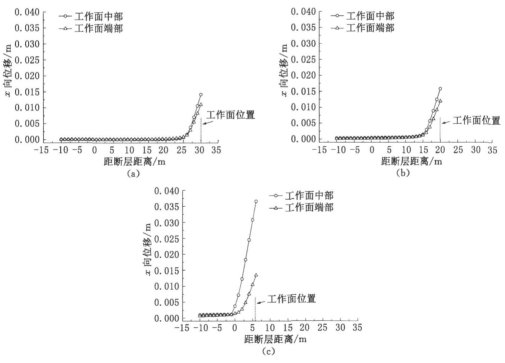

图 7-7 平行最大主应力开采夹角 90°断层附近工作面前方煤层 x 向位移演化特征

(a) 工作面距断层 30 m；(b) 工作面距断层 20 m；(c) 工作面距断层 6 m

由图 7-5、图 7-6 可知,对于 0 夹角断层、45°夹角断层而言,当工作面与断层距离大于 20 m 时,工作面中部位移场比端部位移场略大,工作面中部、端部瓦斯突出危险差异性很小;当工作面与断层距离为 6 m 时,工作中部已处于断层带的影响之下,但工作面中部断层带、工作面端部位移场并未出现明显变化,且工作面前方位移值均维持在较小水平,这说明工作面瓦斯突出危险程度低,而且在工作面中部断层带、工作面端部瓦斯突出危险性差异不大。因此,断层附近应力场演化导致 0 夹角断层、45°夹角断层对工作面瓦斯突出危险影响很小,并未导致工作面煤层中瓦斯突出危险部位形成。

对于 90°夹角断层而言(图 7-7),当工作面与断层距离大于 20 m 时,工作面中部、端部位移场变化不大,工作面中部、端部瓦斯突出危险差异性很小;当工作面距离断层 6 m 时,工作面中部已处于断层带的影响之下,工作面中部、工作面端部位移场呈现显著差异。工作面中部断层带位移明显大于工作面端部位移,说明工作面中部断层带的煤体在开挖时刻发生了剧烈的位移变化,这种剧烈位移变化很可能导致该部位发生瓦斯突出动力灾害,而工作面其他部位瓦斯突出危险性较小。因此,90°夹角断层附近应力场演化对工作面瓦斯突出危险影响很大,直接导致工作面开采过程中瓦斯突出危险部位的动态形成。

(2)垂直最大主应力方向开采时小断层附近应力场演化特征

当工作面未开采时、距离断层 20 m 时、距离断层 6 m 时,小断层附近最大主应力分布如图 7-8、图 7-9、图 7-10 所示。

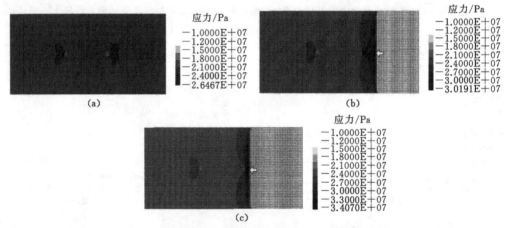

图 7-8 垂直最大主应力开采过程中 0 夹角断层附近最大主应力演化特征
(a) 工作面未开采;(b) 工作面距断层 20 m;(c) 工作面距断层 6 m

由图 7-8(a)、图 7-9(a)、图 7-10(a)可以看出,45°夹角断层应力集中区分布范围分布最广,应力集中程度最大,断层附近应力集中部位、应力集中程度与最大水平主应力沿 x 方向施加时基本相同。

由图 7-8(b)、图 7-9(b)、图 7-10(b)可以看出,当工作面开采至距离断层 20 m 时,断层附近构造应力场与采动应力场开始叠加,导致断层与工作面之间形成了条带状应力集中区,但对工作面采动大小影响不大,采动应力峰值维持在 30 MPa 左右。

由图 7-8(c)、图 7-9(c)、图 7-10(c)可以看出,当工作面开采至距离断层 6 m 时,断层附近构造应力与采动应力得到进一步叠加,导致断层与工作面之间条带状应力集中区内应力峰值急剧增大,0 夹角断层附近应力值增大至 34 MPa,应力集中系数为 1.7;45°夹角断层附

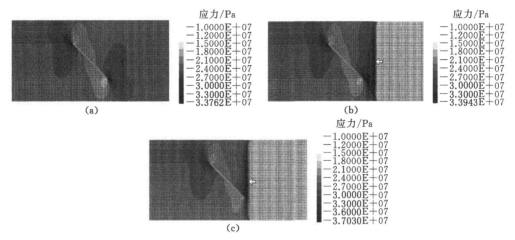

图 7-9　垂直最大主应力开采过程中 45°夹角断层附近采动应力场演化特征

(a) 工作面未开采;(b) 工作面距断层 20 m;(c) 工作面距断层 6 m

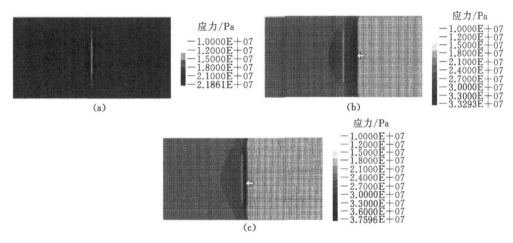

图 7-10　垂直最大主应力开采过程中 90°夹角断层附近采动应力场演化特征

(a) 工作面未开采;(b) 工作面距断层 20 m;(c) 工作面距断层 6 m

近应力值增大至 37 MPa,应力集中系数为 1.9;90°夹角断层附近应力值增大至 38 MPa,应力集中系数为 1.9。

在工作面整个开采过程中,工作面两端部一直处于较低的应力水平,而由于断层附近构造应力场与采动应力场叠加效应,工作面中部断层带应力呈现逐渐增大的变化特征,在揭露断层时应力积累达到了峰值状态,为断层附近瓦斯突出创造了必备的应力条件。

为进一步分析小断层附近应力场演化对煤层瓦斯突出危险部位造成的影响,在工作面端部、中部(断层与工作面之间)煤层中布置监测点,监测每次开挖后工作面前方煤层中 x 方向位移变化,如图 7-11、图 7-12、图 7-13 所示。

由图 7-11(a)、图 7-11(b)、图 7-12(a)、图 7-12(b)、图 7-13(a)、图 7-13(b)可以看出,当工作面与断层之间距离大于 20 m 时,工作面中部、端部位移变化不大,说明在这一开采阶段中,工作面端部、中部瓦斯突出危险程度差异不大。

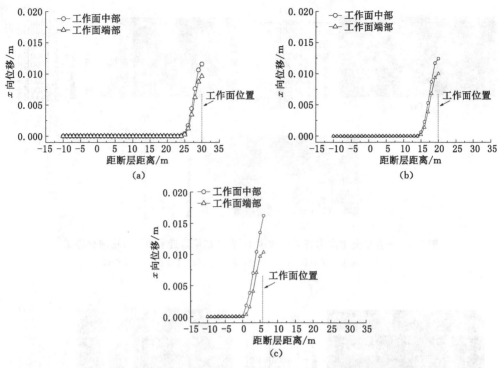

图 7-11　垂直最大主应力开采夹角 0 断层附近工作面前方 x 向位移演化特征

(a) 工作面距断层 30 m；(b) 工作面距断层 20 m；(c) 工作面距断层 6 m

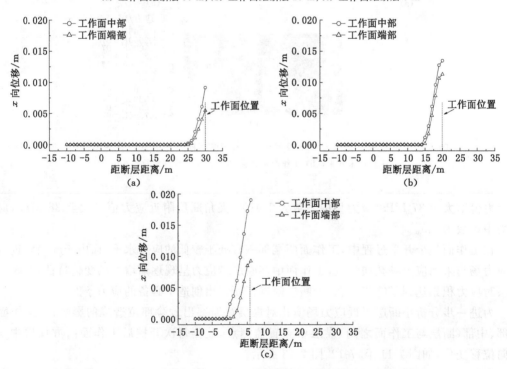

图 7-12　垂直最大主应力开采夹角 45°断层附近工作面前方 x 向位移演化特征

(a) 工作面距断层 30 m；(b) 工作面距断层 20 m；(c) 工作面距断层 6 m

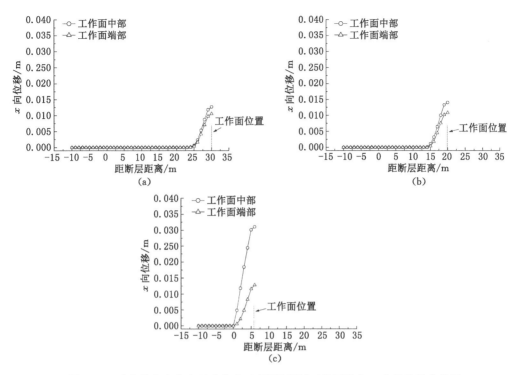

图 7-13 垂直最大主应力开采夹角 90°断层附近工作面前方 x 向位移演化特征
(a) 工作面距断层 30 m；(b) 工作面距断层 20 m；(c) 工作面距断层 6 m

当工作面继续开采至距离断层 6 m 时，工作中部已处于断层带的影响之下，工作面中部、端部位移场呈现显著差异特征。在工作面中部位移突然变大，而工作面端部位移变化不大，工作面中部位移明显大于端部，这说明在工作面中部断层带的煤体在该时刻发生了十分剧烈的位移变化。这种剧烈位移变化很可能导致该部位发生瓦斯突出动力灾害，而工作面其他部位瓦斯突出危险性较小。

因此，0 夹角断层、45°夹角断层、90°夹角断层附近应力场演化对工作面瓦斯突出危险影响很大，直接导致工作面开采过程中瓦斯突出危险部位的动态形成。

走向与工作面布置方向一致的断层，当工作面平行最大水平主应力方向开采时，由于应力阻隔效应而导致断层附近会出现应力逐渐增大特征；而当工作面垂直最大水平主应力方向开采时，由于断层附近构造应力与采动应力叠加效应，导致断层附近动态形成应力集中区，断层附近存在瓦斯突出危险部位。目前所报道的典型断层类瓦斯突出灾害事故，大多是由此类型断层引起的[7,9]。

7.2.2 小褶曲构造附近应力场演化及对瓦斯突出的影响

小褶曲形成过程中，煤层常常受到强烈破坏，褶曲轴部、翼部煤层在剪切、挤压应力作用下产生不同形式的流变变形，往往导致靠近顶板和底板发育不同厚度的构造煤分层，为瓦斯突出灾害的发生创造了有利条件，瓦斯突出危险性均比正常煤层的大。

下面通过数值模拟方法，从理论上分析采煤工作面揭露小褶曲过程中，小褶曲附近应力场动态演化特征，进而揭示小褶曲附近应力场动态演化对工作面瓦斯突出灾害的影响，以期对采煤工作面瓦斯突出防治工作有所裨益。

7.2.2.1　研究方案

根据古汉山矿地质条件,利用 FLAC3D 数值模拟软件建立含小褶曲地层数值计算模型,三维模型长、宽、高分别为 300 m×160 m×130 m。考虑小型褶曲发育规模较小,小褶曲仅发育在煤层中部部位,引起了煤层、顶底板产状变化,小褶曲长、宽、高分别为 160 m×30 m×10 m,如图7-14所示。

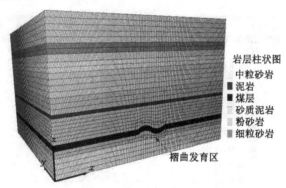

图 7-14　小褶曲构造三维计算模型及网格划分

褶曲由于受到局部挤压剪切作用而产生变形破坏,在靠近顶板或底板部位煤层容易形成构造煤分层[154,155]。因此,本次模拟过程中在小褶曲发育区靠近顶板 2 m 范围内煤层赋予弱岩性参数,以模拟靠近顶板处发育的构造煤分层[156]。模型的 4 个侧面及底面为滚支边界,模型的顶部为应力边界,在模型顶部施加 8 MPa 竖直应力以模拟上覆岩层载荷,沿模型 x 轴方向施加最大水平主应力 20 MPa,沿模型 y 轴方向施加最小水平主应力 10 MPa。

模拟工作面长度为 100 m,工作面沿 y 方向布置,分别沿 x 正方向、x 负方向开采至小褶曲位置,以模拟工作面自背斜端、向斜端揭露小褶曲过程中小褶曲附近应力场演化特征。工作面开采高度为 5 m,每步开采长度为 2 m,用弱力学性质岩层模拟开挖过程,工作面两侧各留 30 m 保护煤柱。

模拟计算过程中采用摩尔—库仑强度准则,地应力施加后计算至平衡状态求解,工作面每次开挖迭代 1 000 次运算求解。数值模拟使用的煤岩体物理力学参数如表 7-1 所示。

7.2.2.2　小褶曲附近应力场演化特征

(1) 工作面由背斜端开采时小褶曲附近应力场演化特征

当工作面由背斜端逐渐揭露小褶曲过程中,小褶曲附近应力场动态演化特征如图 7-15 所示。

由图 7-15 可知,当工作面揭露小褶曲之前(工作面位置在图中横坐标小于 84 m 范围内),褶曲附近 y 向应力、z 向应力无明显变化,而 x 向应力在正常煤层与小褶曲交界处出现较高应力梯度,这也和现场开采至褶曲附近时出现构造应力异常现象相吻合。

由图 7-15 可知,随着工作面不断开采至小褶曲,褶曲附近 x 向应力有略微增大现象,但应力集中程度不高;而褶曲附近 y 向应力、z 向应力却发生了显著的变化,出现了明显的应力集中,在褶曲边缘不断增大,并且在揭露褶曲前积累程度达到了峰值状态。其中,y 向应力峰值为 18 MPa,应力集中系数为 1.8;z 向应力峰值为 43 MPa,应力集中系数为 2.2。这个过程中在小褶曲边缘部位积累了大量弹性潜能,为瓦斯突出事故提供了必要的应力条件。

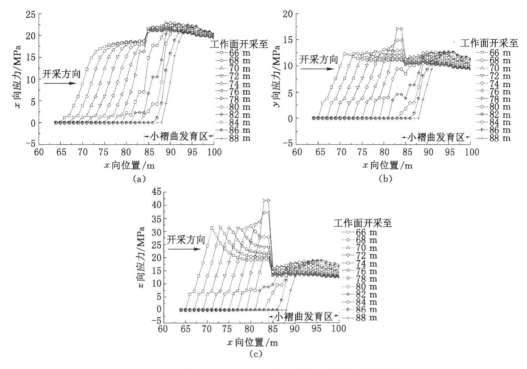

图 7-15　由背斜端开采过程中小褶曲附近应力场演化特征

(a) x 向应力演化特征;(b) y 向应力演化特征;(c) z 向应力演化特征

当工作面揭露褶曲时刻(工作面位置在图中横坐标 84～100 m 范围内),褶曲边缘 z 向应力由 43 MPa 迅速降低到 17 MPa 左右,y 向应力由 18 MPa 迅速降低到 10 MPa 左右,x 向应力也突然降低,但降低幅度不是太大,这个过程中褶曲附近大量的弹性潜能突然释放。

　　为进一步分析小褶曲附近应力场演化对煤层瓦斯突出危险部位造成的影响,在工作面中部煤层中布置监测点,监测每次开挖后工作面前方煤层中 x 方向位移变化。工作面前方煤层中 x 向位移监测结果如图 7-16 所示。

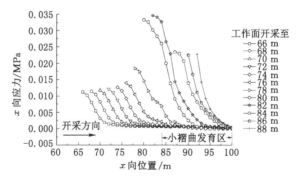

图 7-16　由背斜端开采小褶曲附近工作面前方煤层 x 向位移演化特征

　　由图 7-16 可以看出,随着工作面距离褶曲越来越近,工作面煤壁前方位移略有增大趋势,但增大幅度并不十分明显。当工作面揭露褶曲时刻,工作面前方煤体位移量突然增大,工作面前方短距离煤体发生十分剧烈的位移变化,这种变化极有可能产生猛烈冲击而诱发瓦斯突出动力灾害。

（2）工作面由向斜端开采时小褶曲附近应力场演化特征

当工作面由向斜端逐渐揭露褶曲过程中，小褶曲附近的应力场动态演化特征如图 7-17 所示。

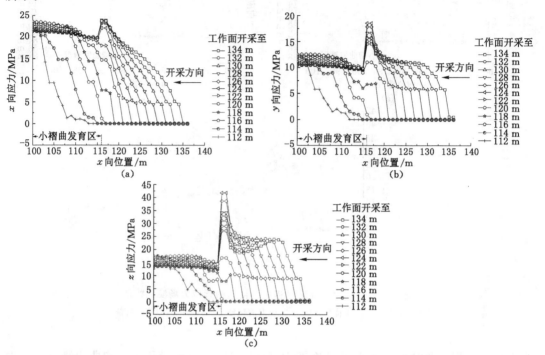

图 7-17　由向斜端开采过程中小褶曲附近应力场演化特征

(a) x 向应力演化特征；(b) y 向应力演化特征；(c) z 向应力演化特征

由图 7-17 可知，随着工作面不断开采至小褶曲，褶曲附近 x 向应力、y 向应力、z 向应力均发生了显著的应力集中现象。应力在褶曲边缘不断增大，并且在揭露褶曲前达到了峰值状态，其中，x 向应力峰值为 23 MPa，应力集中系数为 1.2，y 向应力峰值为 18 MPa，应力集中系数为 1.8，z 向应力峰值为 43 MPa，应力集中系数为 4.3。这个过程中，在小褶曲边缘部位积累了大量弹性潜能，为瓦斯突出事故发生提供了必要的应力条件。

当工作面揭露褶曲时刻（工作面位置在图中横坐标 100～116 m 范围内），褶曲边缘 x 向应力由 23 MPa 迅速降低到 20 MPa，y 向应力由 18 MPa 迅速降低到 10 MPa 左右，z 向应力由 43 MPa 迅速降低到 17 MPa 左右，三向应力突然降低的过程中褶曲附近大量的弹性潜能突然得到释放。

为进一步分析小褶曲附近应力场演化对煤层瓦斯突出危险部位造成的影响，在工作面中部煤层中布置监测点，监测每次开挖后工作面前方煤层中 x 方向位移变化，如图 7-18 所示。

由图 7-18 可以看出，与工作面自背斜开采过程类似，随着工作面距离褶曲越来越近，工作面煤壁前方位移呈现不断增大的变化趋势，但变化幅度不大。当工作面揭露褶曲时刻，工作面前方煤体位移量突然增大，工作面前方短距离内煤体发生十分剧烈的位移变化，这种剧烈变化极有可能产生猛烈冲击而诱发瓦斯突出动力灾害。

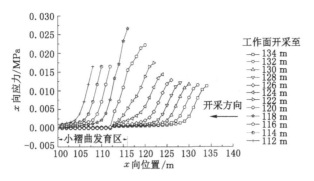

图 7-18 由向斜端开采小褶曲附近工作面前方煤层 x 向位移演化特征

工作面开采过程中,由于构造应力与采动应力叠加作用,小褶曲附近应力场呈现不断增强、应力值不断变大特征,在揭露褶曲前应力达到了峰值状态。在工作面揭露褶曲时刻,处于峰值状态的高应力迅速降低,释放大量的弹性能,迫使煤体产生十分剧烈的位移变化,这种剧烈变化极有可能产生猛烈冲击而诱发瓦斯突出动力灾害。

小褶曲附近瓦斯突出防治工作必须引起足够重视,应当在加强地质探测基础上,及时对采动应力异常区采取防治措施,预防由于采动应力突变引起的瓦斯突出灾害事故。

7.2.3 煤厚变化带附近应力场演化及对瓦斯突出的影响

工作面由厚煤层进入薄煤层或由薄煤层进入厚煤层时,均可能导致煤厚变化带附近应力场发生异常变化。揭示煤厚变化带附近应力场演化特征,对于提高煤厚变化带附近瓦斯突出灾害防治的针对性具有重要的应用价值。

下面从理论上研究开采过程中煤层厚度变化带附近应力场演化特征及对瓦斯突出灾害的影响。

7.2.3.1 研究方案

根据古汉山矿地质条件,利用 FLAC3D 数值模拟软件建立煤层厚度变化带地层数值计算模型(图 7-19)。模型长、宽、高分别为 200 m×160 m×130 m,在煤层内沿 x 方向 0～100 m 范围内设置为薄煤层区,在煤层内沿 x 方向 100～200 m 范围内设置为厚煤层区,薄煤层区煤层厚度为 2 m,厚煤层区煤层厚度为 5 m。

模型的 4 个侧面及底面为滚支边界,模型的顶部为应力边界。在模型顶部施加 8 MPa 竖直应力以模拟上覆岩层载荷,沿模型 x 轴方向施加最大水平主应力 20 MPa,沿模型 y 轴方向施加最小水平主应力 10 MPa。模拟工作面长度为 100 m,工作面沿 y 方向布置,分别沿 x 正方向、x 负方向开采至中间位置(煤厚发生突变部位),以模拟工作面由薄煤层开采至厚煤层、由厚煤层开采至薄煤层过程中,煤厚变化带附近应力场演化特征。工作面开采高度为 5 m,每步开采长度为 2 m,用弱力学性质岩层模拟开挖过程,工作面两侧各留 30 m 保护煤柱。

地应力施加后计算至平衡状态求解,工作面每次开挖迭代 1 000 次运算求解,模拟计算采用摩尔—库仑强度准则。数值模拟使用的煤岩体物理力学参数参见表 7-1 所示。

7.2.3.2 煤厚变化带附近应力场演化特征

(1)煤层由薄变厚附近应力场演化特征

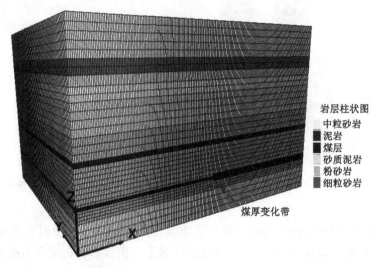

图 7-19　煤厚变化带三维计算模型及网格划分示意图

工作面开采从薄煤层进入厚煤层过程（x 方向范围 85～100 m），煤厚变化带附近应力场动态演化特征如图 7-20 所示。

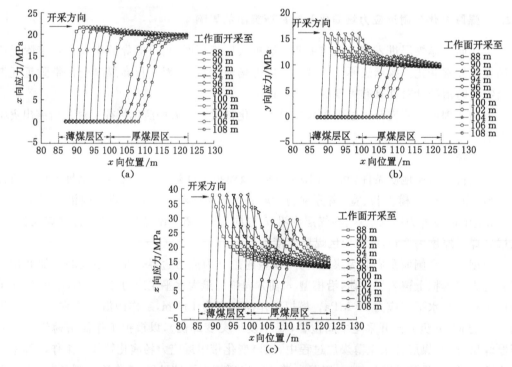

图 7-20　由薄入厚开采过程中煤厚变化带附近应力场演化特征
（a）x 向应力演化特征；（b）y 向应力演化特征；（c）z 向应力演化特征

由图 7-20 容易看出，原岩应力条件下煤厚变化带附近并未发生应力异常变化，随着工作面开采由薄煤层区逐渐接近厚煤层区，煤厚变化带附近 x 向应力、y 向应力、z 向应力也未发生显著的变化。同时，工作面采动应力大小、分布范围变化也不明显，基本维持在相对稳定的水平。

在工作面揭露厚煤层时刻,煤厚变化带附近 x 向应力、y 向应力、z 向应力均呈现突然降低的变化特征。其中,y 向应力由 18 MPa 迅速降低至 11 MPa 左右,z 向应力由 40 MPa 迅速降低至 30 MPa 左右,三向应力突然降低的过程中将伴随煤体大量的弹性潜能释放,此时,工作面处于极不稳定的应力场环境中,有可能诱导发生瓦斯突出动力灾害。

为进一步分析煤厚变化带附近应力场演化对煤层瓦斯突出危险造成的影响,在工作面中部煤层中布置监测点,监测每次开挖后工作面前方煤层中 x 方向位移变化,监测结果如图 7-21 所示。

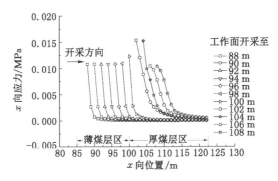

图 7-21　由薄入厚开采煤厚变化带附近工作面前方煤层 x 向位移演化特征

由图 7-21 可知,随着工作面距离煤厚变化带越来越近,工作面煤壁前方位移并未产生明显变化。当工作面进入厚煤层时刻,工作面前方煤体位移量突然增大,工作面前方短距离内煤体发生十分剧烈的位移变化,这种剧烈变化极有可能产生冲击而诱发瓦斯突出动力灾害。

(2)煤层由厚变薄附近应力场演化特征

工作面从厚煤层进入薄煤层过程(x 方向范围 115~100 m),监测煤厚变化带附近应力场动态演化特征,监测结果如图 7-22 所示。

由图 7-22 可见,随着工作面由厚煤层区逐渐接近薄煤层区,煤厚变化带附近 x 向应力、y 向应力、z 向应力并未发生显著的应力变化,工作面采动应力大小、分布范围变化也不明显,基本维持在相对稳定的水平。

在工作面揭露薄煤层时刻,x 向应力、y 向应力、z 向应力均呈现突然增大的变化特征,但是变化幅度不大。其中,y 向应力由 12 MPa 迅速增大至 14 MPa 左右,z 向应力由 32 MPa 迅速增大至 35 MPa 左右,x 向应力略微增大。三向应力突然增大,说明煤厚变化带附近煤体弹性潜能是蓄能积累过程,这一过程中能量得不到释放,不能对附近煤体造成猛烈冲击,瓦斯突出动力灾害发生的可能性小。

然而,值得引起注意的是,随着工作面进入薄煤层区后,工作面前方采动应力峰值与工作面煤壁距离却突然变小(由 6 m 突然减小至 3 m),导致工作面前方卸压区范围突然变小。此时,如果工作面依旧维持相同的开采进度,开采活动极容易进入采动应力峰值区范围内,那么就可能诱导发生瓦斯突出动力灾害。

在工作面中部煤层中布置监测点,监测每次开挖后工作面前方煤层中 x 方向位移变化,监测结果如图 7-23 所示。

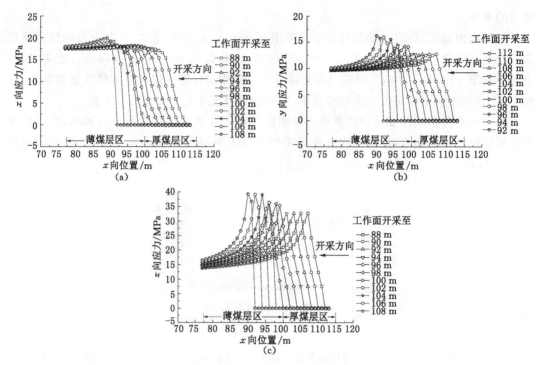

图 7-22　由厚入薄开采过程中煤厚变化带附近应力场演化特征

（a）x 向应力演化特征；（b）y 向应力演化特征；（c）z 向应力演化特征

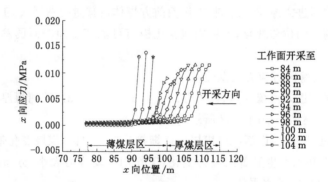

图 7-23　由厚入薄开采煤厚变化带附近工作面前方 x 向位移演化特征

由图 7-23 可以看出,随着工作面由厚煤层区逐渐接近薄煤层区,工作面前方煤体位移并未出现较大变化,基本维持相对稳定的水平。在工作面揭露薄煤层时刻,工作面前方煤体内位移呈现突然变小的变化特征,说明工作面所处的应力场环境更加稳定,此时瓦斯突出危险发生的可能性很小。然而,当工作面进入薄煤层区之后,可以看出工作面前方煤体位移又呈现增大的变化特征,位移又维持在一个较高的水平。

由于工程条件的限制,煤矿现场很难对煤层变化带附近进行应力监测,对煤层突变部位应力场、位移场演化特征也鲜有报道。然而,对不同开采厚度煤层采动应力的监测可以发现[157,158],采动应力具有随开采厚度的减小,应力峰值增大、应力峰值区与工作面距离变小的"层厚效应",这也可以间接说明煤厚变化带附近采动应力场演化特点。

煤层由薄变厚、由厚变薄过程中采动应力场演化呈现不同特点,工作面瓦斯防治工作必须进行区别对待,针对煤层厚度变化类型采取针对性的防治措施。首先,应当加强对煤层厚度的探测与预测工作,分析判断煤层厚度变化类型,当工作面由薄煤层开采进入厚煤层时,应当加强工作面前方瓦斯、应力排放措施,释放煤厚变化带附近的弹性潜能,保证工作面预留足够的超前距;当工作面由厚煤层进入薄煤层后,应当适当减小工作面推进速度,避免工作面推进速度过快而进入采动应力峰值区内。

7.3　工作面隐伏构造危险性动态预测

7.3.1　工作面隐伏构造分析流程

本节提出以区域地质及矿井瓦斯地质分析、隐伏小构造与地应力场主应力方向预测、小构造附近应力场模拟分析为主要分析流程的采煤工作面隐伏构造附近瓦斯突出危险性动态分析方法,基本工作流程如图 7-24 所示。

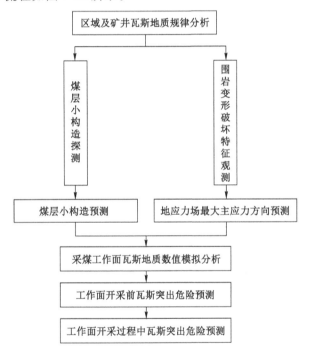

图 7-24　小构造附近瓦斯突出危险性动态分析流程

7.3.1.1　区域及矿井瓦斯地质规律分析

开展区域及矿井瓦斯地质规律分析,初步确定采煤工作面所处的构造应力场特征及矿井瓦斯赋存特征;不同地质条件控制着区域到矿区、矿井、采区、采面的瓦斯赋存状态,矿区(煤田)构造作用的范围和强度受区域构造所控制,而井田和采区、采面构造的范围和强度受矿区构造所控制[78]。

通过区域及矿井瓦斯地质规律研究,揭示矿井瓦斯赋存规律及构造控制特征,初步分析采煤工作面所处的瓦斯赋存环境,为煤层小构造预测、地应力场最大主应力方向预测等工作开展提供宏观指导。

7.3.1.2 小构造与地应力场最大主应力方向预测

利用井下巷道和瓦斯抽采工程,开展煤层隐伏构造探测,根据实际观测与收集到的瓦斯地质数据,建立合适的局部坐标系,将采集的抽采钻孔数据录入煤层小构造预测系统,根据生成的预测图件判断小构造的类型及产状分布特征。

同时,根据巷道变形破坏特征与应力痕迹特征观测,进行应力场类型和最大主应力方向预测。

7.3.1.3 采煤工作面瓦斯地质数值模拟分析

在以上基础上,建立采煤工作面数值分析计算模型,通过对开采前小构造附近应力场分布特征做数值模拟分析。

(1)采煤工作面瓦斯地质建模

对于小断层附近应力场数值模拟来说,选择适合的模拟计算软件对于提高建模效率、保证计算准确性至关重要。就目前现行数值计算软件来说,FLAC3D采用三维显式拉格朗日有限差分法,具有优良的计算性能,在岩土工程和其他材料领域应用最为广泛,能够轻松实现对材料的三维大变形、屈服、塑性流动、软化特征等特性数值模拟分析[148,149]。采煤工作面大范围高强度的开挖过程、采动应力场的时空演化特征均可以借助 FLAC3D 模拟软件进行计算分析。

地质构造产状特征、地应力场方向、采煤工作面的开采方向等因素是建模过程中应当慎重考虑的重要因素,煤层小断层、小褶曲空间分布多样性,其和地应力场方向、工作面开采方向可能出现各式各样的组合方式,这无疑增加了采煤工作面模型的建模难度。目前一些专业建模软件在网格建立方面具有较大优势(如 ANSYS、Surfer、ABAQUS 等),这些软件采用布尔加减操作实现复杂几何模型的建立,然后再进行模型离散化,生成最终网格,对各类复杂三维地质模型的通用性更强[159-161]。可以首先借助这些功能强大的前处理分析软件进行建模及网格划分,然后将模型网格以节点、单元和(组)的数据导入 FLAC3D 模拟系统中,实现各类含小构造采煤工作面三维空间模型的建立。

(2)数值模型校准

数值模拟计算的精确度取决于输入参数的可信度,煤(岩)体物理力学参数无疑是模拟计算成败的关键。一般来说,目前数值模拟使用的岩体强度参数均采用现场取样进行实验室测试,然后根据测试参数折算外推到实际岩体中以供模拟使用。由于现场取样与实验室测试参数不可避免存在误差,各种外推方法也均不可能达到可靠的程度。在这种条件下,对数值模型进行校准和验证是唯一可行的解决方法。

数值模型校准方法分为直接校准法和间接校准法。直接校准法是对模型的输入参数进行反复调整,直到模拟结果与现场观测结果相一致。采用间接方法校准模型时,主要是通过引入合适的校准系数,使模拟结果与现场观测结果一致,而关于选取的校准系数可能会因各矿区地质条件不同而存在一定差异。

直接校准法可以通过工程参数对比,相对比较容易操作。具体来说,就是对数值计算模型进行计算时,可以临时选取相似地质条件下最有可能的一组参数运行计算模型,然后将模型运算结果与现场观测到的参数(如位移、应力、瓦斯压力等)进行对比分析,如果模型输出结果与预期结果出现很大差别,那么对第一组输入的参数进行修改并重新运行模型,通过多次反复修改输入的计算参数最终达到模型计算结果与现场观测数据基本匹配,说明此时输入的计算参数与现场实际最为接近,认为此时数值模型的计算结果是正确的。

对于采煤工作面小构造瓦斯地质数值模型来说,数值模型开挖后,采动应力场、瓦斯渗流场分布特征直接影响小断层附近瓦斯突出危险性预测的准确率,必须选择合适的校准标准来保证数值模型计算结果能够最接近现场实际条件。显然,如果能够测试获得工作面前方采动应力分布值,是最有效、最直接的数值模型校准标准[164-166]。但是,由于煤层应力测试过程烦琐、成功率低,在具体现场操作中不容易大范围开展。

从便于现场施工布置、提高观测效率出发,可以选择瓦斯抽采流量作为现场观测参数,通过观测瓦斯抽采流量随工作面开采过程动态变化特征,来反演工作面前方采动应力场分布规律。现场观测表明[167,168],工作面前方煤层的支承应力峰值区稍稍滞后于瓦斯抽采流量峰值,如图 7-25 所示。

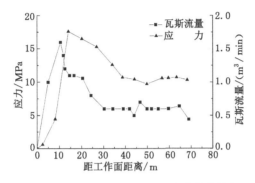

图 7-25　瓦斯抽采流量与采动应力分布特征

因此,通过观测瓦斯抽采流量随工作面推进变化特征,可以确定瓦斯流量峰值区与工作面煤壁的距离。在数值计算模型校准时,如果数值计算得到的工作面采动应力分布与观测的瓦斯流量符合上述规律时,则认为数值模型校准是正确的。

（3）数值模型计算及瓦斯突出危险性分析

数值模型校准后,进行整个工作面开采过程模拟运算,伴随工作面开挖过程中监测最大不平衡力与迭代次数,以保证每一步的开挖过程协调一致。同时,不断选择工作面各个方位的应力切片,及时判断应力发生异常变化的时刻和应力集中的部位。

根据数值模拟分析显示的应力集中区分布部位和出现时刻,对工作面开采过程中可能出现瓦斯突出危险的部位、瓦斯突出危险的时刻做出预测。

在工作面开采过程中重点加强预测区域瓦斯参数测试工作,如果测试参数出现异常变化,必须强化瓦斯抽采措施,待瓦斯突出危险性消除以后方可进行回采工作。同时,根据瓦斯参数和揭露的地质构造资料,来分析小构造预测和瓦斯突出预测的准确性。

7.3.2　现场应用

古汉山矿位于焦作煤田中部,目前开采的二$_1$煤层具有瓦斯突出危险性,开采区域地应力大、瓦斯含量高,煤层瓦斯抽采效率低,开采至今多次发生瓦斯突出事故,开展采煤工作面有效的瓦斯突出预测方法研究,对于提高矿井瓦斯治理水平具有重要意义。

7.3.2.1　区域及矿井瓦斯地质规律分析

焦作矿区位于华北板块、太行山隆起带南段由近南北向逐渐向东西方向弧形转折部位,同时也是太行山造山带向华北构造带的过渡地带[169-171]。矿区石炭-二叠纪含煤地层沉积形成之后,先后经历了多次构造运动,不同时期构造演化阶段断裂力学的性质和规模控制了煤层瓦斯运移和赋存[172,173]。

受区域构造演化的控制,以近东西向的凤凰岭断层和北西向峪河口断层为界,焦作矿区瓦斯赋存特征基本上可以划分三个分区(图7-26)。

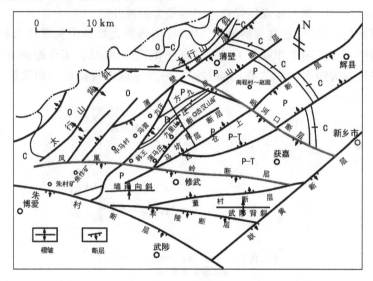

图 7-26　焦作矿区构造纲要图

古汉山矿位于峪河口断层以西、凤凰岭断层以北的高瓦斯分布区,整个井田夹持于油坊蒋断层与古汉山断层之间,南东向的缓倾单斜构造为矿井的基本构造轮廓,地层产状大致走向为N40°E,倾角为12°～17°,平均为16°,总体地质构造为简单(图7-27)。

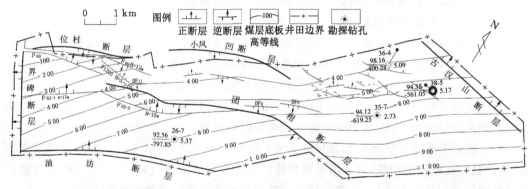

图 7-27　古汉山矿井构造纲要图

井田内构造形式以断裂为主,局部出现小的挠曲,主要断层为北北东、北东东、北西向三组。矿井内褶曲总体特征表现为宽缓的单斜构造形态,局部出现小褶曲,顶板滑动面发育,岩、煤层强度受到影响,褶曲控气特征明显,瓦斯赋存条件比较优越,在开采过程中瓦斯涌出量较大。断层附近岩、煤层垂直节理发育,顶板多有揉皱现象,此外,局部还有特征不明显的层滑构造。

井田范围内瓦斯分布具有不均衡性,在煤层底板标高-147 m以下,瓦斯含量迅速上升,走向上自西向东有降低的趋势,这是由于井田东部表土层相对较厚,表土层孔隙率大、胶结性差,成为释放瓦斯有利通道。井田瓦斯含量深部较浅部大,这是由于随着煤层埋藏深度的增加,地应力及围岩的透气性降低,有利于煤层瓦斯的赋存。因而,矿井二₁煤层瓦斯含量整体上呈现"西部大,东部小;深部大,浅部小"的分布规律。

7.3.2.2 小构造与地应力场最大主应力方向预测

小构造和地应力场预测情况已在上文论述。根据预测结果,在14171采煤工作面靠近运输巷35 m处发育延伸长度20 m、走向N45°W的小断层,附近地应力场最大水平主应力方向为N70°E。

7.3.2.3 小断层附近应力场模拟分析与瓦斯突出预测

(1)采煤工作面瓦斯地质建模

结合14171采煤工作面空间布置特征,利用FLAC3D软件建立含小断层的采煤工作面瓦斯地质三维数值计算模型。由于采煤工作面实际尺寸较大,选择在断层影响区域建立走向长度为130 m工作面模型,工作面边界与采空区之间留有保护煤柱,模型总体长、宽、高分别为260 m×250 m×130 m。由于煤层倾角较小,建模过程中按水平地层处理,断层带以宽度为2 m的软弱带来模拟[150],三维数值模型如图5-18所示。

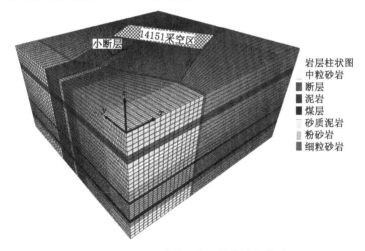

图7-28 14171采煤工作面数值计算模型

14171采煤工作面回风巷侧毗邻14151采空区,其他边界为保护煤柱,数值模型底面及四周约束法向位移,顶部为应力边界。根据矿井地应力实测资料,在模型顶部施加8 MPa竖直载荷模拟上覆岩层重力,沿 y 轴方向施加最大水平主应力20 MPa,沿 x 轴方向施加最小水平主应力10 MPa。地应力场模拟生成后,进行14151采空区与回采巷道开挖模拟,采空区按照一次整体开挖,然后开挖回采巷道,工作面长度为110 m、采高3 m,每次开挖距离3 m,用null模型模拟开挖过程,采空区垮落过程用弱力学性质充填体进行充填模拟。

模拟计算过程中采用摩尔—库仑强度准则,地应力场生成、14151采空区及回采巷道形成过程模拟通过计算至平衡状态求解,工作面每次开挖采用循环迭代控制,具体迭代次数依据数值模型校准参数来确定。采空区充填体力学参数参考实验室测试结果[151]进行选取,根据古汉山矿及邻近矿井测试的岩石力学参数,考虑岩石与岩体之间差异,确定模拟使用煤岩体物理力学参数,如表7-1所示。

采用直接校准法[174]对数值计算模型进行校准,以表 7-1 中煤岩体力学参数作为初始值进行模拟试运算,计算过程监测迭代循环步数,并不断对工作面前方支承应力提取分析,然后同比例改变表 7-1 中煤岩体相关力学参数值。当提取的支承应力分布形态特征与现场观测参数符合时,则认为数值模型校准是正确的,此时迭代次数可以作为每次开挖模拟迭代标准。

选用在 14171 采煤工作面现场观测的瓦斯抽采流量作为计算模型校核准参数,当工作面数值模型开挖按照每次迭代 1 500 次、模型开采 50 m 时,采动应力场已基本稳定,提取数值模型采动应力曲线与现场观测的瓦斯抽采流量曲线进行分析对比,如图 7-29 所示。

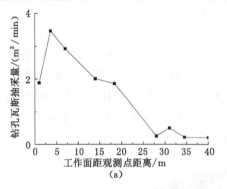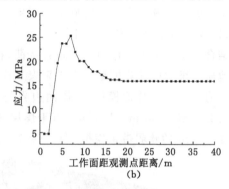

图 7-29　工作面前方瓦斯流量与采动应力场分布特征

(a) 现场观测的瓦斯流量值;(b) 数值模型采动应力监测值

由图 7-29 可以看出,现场瓦斯流量在工作面距离抽采钻孔 30 m 左右时开始增大,在工作面距离抽采钻孔 5 m 时达到峰值状态,而数值模型计算的支承应力峰值位于工作面前方 7 m 左右,这一规律符合采动应力峰值区略滞后于瓦斯流量峰值区的分布特征,认为数值模型此时计算的采动应力场能够反映现场实际情况。此时,模型中使用的煤岩体力学参数可应用于整个开采模拟过程,确定每次工作面开挖后迭代次数为 1 200 次,然后进行工作面整个开采过程模拟计算分析。

(2) 小断层附近应力场演化特征分析

由于整个计算模型范围较大,为便于清晰直观地对断层附近应力场特征进行分析比较,以下对应力图像显示过程中减去 14151 采空区及附近煤柱范围,只显示采煤工作面走向 130 m 开采范围。

当工作面未开采、距离断层 30 m 时、距离断层 21 m 时、距离断层 12 m 时,断层附近最大主应力分布特征如图 7-30 所示。

由图 7-30(a) 可以看出,工作面开采前,断层附近构造应力呈现异常分布特征,高应力区域分布在断层两端部,应力集中系数达 1.4,在断层端部偏一侧 10~15 m 范围为应力集中区。

当工作面开采至距离断层 30 m 时、21 m 时[图 7-30(b)、图 7-30(c)],断层附近构造应力逐渐得到释放,应力值由 28 MPa 降低至 22 MPa,这主要是由于工作面开采方向与最大水平主应力方向夹角较小,采动应力与构造应力叠加后有利于断层附近应力场减弱。同时,由于开采方向与地应力场最大水平主应力存在一定夹角,在工作面临近运输巷隅角附近又出现明显的应力集中。

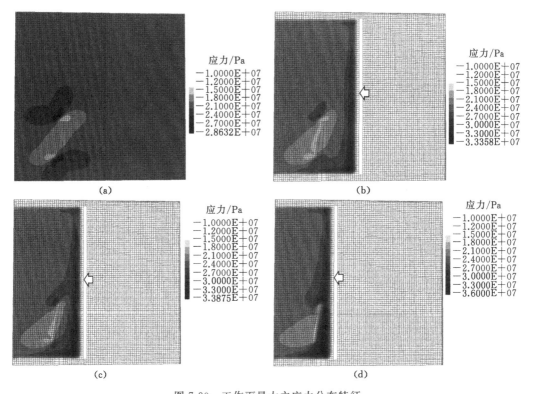

图 7-30　工作面最大主应力分布特征

（a）工作面未开采；（b）工作面距断层 30 m；（c）工作面距断层 21 m；（d）工作面距断层 12 m

　　当工作面开采至距离断层 12 m 时［图 7-30(d)］，断层端部构造应力已处于较低水平，由于断层导致应力阻隔效应，采动应力在断层一侧产生了积累增大，沿断层走向范围出现应力集中，应力集中程度高达 1.9，工作面其他区域应力值变化不大。

　　（3）小断层附近瓦斯突出危险性预测

　　根据以上分析可知，14171 工作面开采前，小断层附近应力集中部位分布在断层端部偏一侧 15 m 范围内，在区域防突措施与区域措施效果检验过程中，应当重点加强该区域瓦斯参数测试工作。

　　工作面开采过程中应力集中部位主要是工作面运输巷隅角和沿断层走向范围，但由于运输巷隅角毗邻回采巷道，煤层瓦斯已经得到了很大程度释放，同时，这一区域顺煤层瓦斯抽采控制效果一般较好，工作面这一部位瓦斯突出危险性不大。而工作面推进至距离断层 12 m 时，沿断层走向范围存在高度应力集中，可能存在瓦斯突出危险性，应当重点加强工作面该部位的瓦斯预测工作。

7.3.2.4　现场开采验证

　　现场揭露情况表明，在工作面统尺 350～370 m、靠近运输巷 30 m 处确实存在一条小断层，断层延伸长度 30 m、倾向 N、落差 1 m 左右，与预测相符。

　　在 14171 采煤工作面开采过程中，每日测试工作面煤壁前方 9 m 处钻孔瓦斯涌出初速度 q、钻屑瓦斯解吸指标 Δh_2，得到了断层在两侧不同距离处瓦斯参数分布特征，如图 7-31所示。

　　由图 7-31 可以看出，14171 采煤工作面开采过程中，在断层侧 20 m 以远范围，瓦斯突

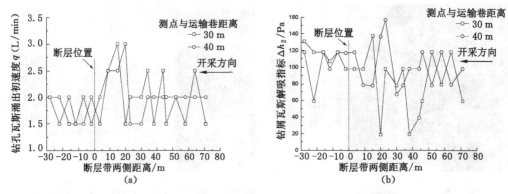

图 7-31 断层带两侧瓦斯突出预测指标分布特征
(a) 钻孔瓦斯涌出初速度；(b) 钻屑瓦斯解吸指标

出预测指标变化不大，均在稳定值上下轻微波动，钻孔瓦斯涌出初速度平均值为2.0 L/min，钻屑瓦斯解吸指标平均值为 90 Pa；在断层侧 8～20 m 范围，瓦斯突出预测指标明显增大，钻孔瓦斯涌出初速度在 6 次测试中有 5 次均超过平均值，钻屑瓦斯解吸指标在 6 次测试中有 3 次超过平均值，说明此阶段工作面存在瓦斯异常；在断层侧－30～8 m 范围，瓦斯突出预测指标又降低至平均水平，其分布特征与在断层侧 20 m 以远范围基本类似。

　　瓦斯突出预测指标在断层一侧 8～20 m 范围明显大于平均值，工作面瓦斯突出危险性相对较大，与数值模拟分析结果(工作面距离断层 12 m 时瓦斯突出危险性较大结论)基本吻合。

　　14171 采煤工作面由于提前采取了强化瓦斯治理措施，工作面安全顺利通过小断层影响带而未发生瓦斯突出危险。

8 瓦斯浓度监测数据分析及应用

本章结合煤矿瓦斯涌出浓度数据特征,开展煤矿瓦斯浓度监测数据分析及应用探索研究,探索瓦斯浓度数据揭示的科学规律,为其在煤矿安全管理和瓦斯防治中的应用提供思路借鉴。

8.1 瓦斯浓度监测数据分析的重要意义

瓦斯浓度和煤与瓦斯突出、瓦斯爆炸等灾害事故都有相关性。我国煤矿瓦斯浓度监测系统积累了大量瓦斯浓度数据,这些数据规模庞大,产生和增长的速度快,蕴含信息丰富,但数据处理分析却停留在管理和展示的初级阶段,缺乏数据深度分析和挖掘的工具,无法洞察巨量数据中蕴含的价值。

瓦斯浓度变化与特定瓦斯地质条件和生产条件具有十分密切的关系,通过对大量瓦斯浓度及其相关监测数据的分析,研究瓦斯浓度变化的周期性、趋势性和突变性规律特征,有助于揭示煤矿瓦斯浓度(涌出量)动态演化规律,有助于准确判断瓦斯浓度(涌出量)变化的主要影响因素,更好地预测和预警瓦斯灾害,优化通风设计和有效实施瓦斯抽采工程。在生产管理方面,依据瓦斯浓度及其相关监测数据分析成果,可以有效确定瓦斯浓度变化与采煤工序的对应关系,使煤矿企业和安全监管部门能够远程在线判定采煤工作面实际工况和产能,实现煤矿安全生产和产能信息化科学监管。

8.2 采煤工作面瓦斯监测系统及监测数据简介

8.2.1 煤矿瓦斯监测系统架构

煤矿安全生产监测监控系统在层次上一般分为两级或三级管理的计算机集散系统(distributing center system,DCS),一般包含井下测控分站级和地面中心站级[175]。每个测控分站负责某几路传感器信号的采集和某个执行机构的控制,实现了采集、控制分散;中心站负责数据的处理、储存、传输,实现了管理的集中。中心站与分站和计算机网络之间的通信、传感器到测控分站的数据传输、测控分站到执行或控制装置信号的传输,都是通过传输信道实现的。

典型的煤矿安全监测监控系统的组成如图 8-1 所示。

8.2.1.1 井下测控分站

测控分站,简称分站。根据放置地点和防爆要求的不同,有井下分站和地面分站之分。分站的主要功能是采集由传感器传来的环境安全参数、设备工况参数等信息,并进行预处理。根据预先设定的参数极限,发出超限声、光报警信号和断电、闭锁信号,与中心站通过传

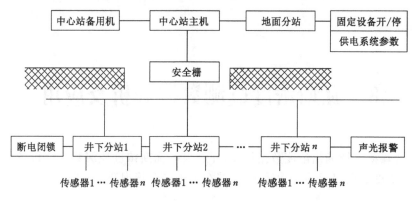

图 8-1　典型监测监控系统的组成

输信道进行通信,传输测量信息,接收中心站的命令。井上、井下信息的交换必须加安全栅隔离。

测控分站的核心是以单片机组成的微型计算机系统,包括 CPU、ROM、RAM、I/O 接口,必需的外设以及系统软件和应用软件。

(1) 传感器

传感器是将被测的物理量转换为便于传输和处理的电信号,经传输线和测控分站连接,为测控分站提供信息。按输出信号的种类分,传感器有模拟量传感器和开关量传感器。根据监控系统的特点和考虑抗干扰等因素,很多传感器采用频率信号输出,为测控分站的采集和处理带来很大的方便。

根据《煤矿安全规程》[116]的要求,装备安全监控系统的矿井,每一个采区、一翼回风巷及总回风巷的测风站应设置风速传感器,主要通风机的风硐应设置压力传感器;瓦斯抽放泵站的抽放泵吸入管路中应设置流量传感器、温度传感器和压力传感器,利用瓦斯时,还应在输出管路中设置流量传感器、温度传感器和压力传感器;开采容易自燃、自燃煤层的,应设置一氧化碳传感器和温度传感器;主要通风机、局部通风机应设置设备开停传感器,主要风门应设置风门传感器,被控设备开关的负荷侧应设置馈电状态传感器。

(2) 执行或控制装置

执行或控制装置是根据分站或中心站的命令,进行状态转换和控制的装置,主要包括声、光报警装置,断电、闭锁装置等。

报警装置的作用是根据安全参数的极限值,发出声、光报警信号。

断电、闭锁装置的作用是在安全参数超限时,切断工作面工作设备的电源,以免发生事故或防止事故的扩大,从而实现工作面电源的闭锁。

8.2.1.2　地面中心站

中心站的关键设备是主机,采用高可靠性的计算机,如工控机等作为主要部件。主机的作用是系统的生成、系统的管理以及进行数据的处理和输出,并进行必要的存储,必要时对关键设备实施控制。

(1) 配置

① 《煤矿安全规程》规定,地面监控中心须配置 2 台工控机,1 台备用。计算机配置为主频 2.0 G 以上、硬盘 40 G、内存 256 M、17 寸彩色监视器。中心站计算机还需配置 10/100 m

局域网网卡 1 块。为实现地面中心站主机对瓦斯超限的报警功能,地面监控中心须配置 1 块声卡和 1 对音箱,以便实现智能语音报警提示功能。

② 为了建立一个具有数据采集整合、处理、调度、反馈等功能的管理指挥运行机制,提供一个可靠稳定、快速响应的综合显示平台,为分析及决策指挥提供实时和可靠的手段,可以设置一个大屏幕显示系统。

③ 为保证监控主机的正常运行,保证电源的质量并满足交流断电后系统能继续工作 2 h 以上时间,配置 UPS 不间断电源 1 台、交流净化稳压电源 1 台。

④ 为满足数据报表统计、分析和管理的要求,地面监控中心须配置 1 台打印机,最好为具有以太网接口的网络打印机。

(2)地面监控中心站的功能

① 环境监测:主要监测煤矿井下各种有毒有害气体及工作面的作业条件,如高浓度甲烷气体、低浓度甲烷气体、一氧化碳、氧气浓度以及风速、负压、温度、岩煤温度等。

② 生产监控:主要监控井上、下生产环节的各种生产参数和重要设备的运行状态参数,如煤仓煤位、水仓水位、供电电压、供电电流、功率等模拟量,水泵、提升机、局部通风机、主要通风机、胶带输送机、采煤机、开关、磁力启动器运行状态和参数等。

③ 中心站软件功能:具有测点定义功能和显示测量参数、数据报表、曲线显示、图形生成、数据存储、故障统计和报表、报告打印功能。

8.2.2 采煤工作面瓦斯涌出源及监测设置

对于长壁采煤工作面来说,将瓦斯涌出具体划分为 4 个分源,即煤壁瓦斯涌出、采落煤瓦斯涌出、胶带输送机运煤瓦斯涌出和采空区瓦斯涌出。

(1)煤壁瓦斯涌出源 Q_b

煤壁瓦斯涌出又可分为运输巷煤壁 Q_{b1}、采面煤壁 Q_{b2} 和回风巷煤壁 Q_{b3} 等 3 个分源。

运输巷煤壁涌出的瓦斯由新鲜风流携带进入采面,经回风巷排出;采面煤壁涌出的瓦斯经采面和风巷排出;风巷煤壁涌出的瓦斯不经过采面,由风巷直接排出。煤壁瓦斯涌出量与煤层瓦斯含量、煤层渗透性和煤壁面积(长度)有关,并遵循一定的规律[13]:煤壁瓦斯涌出量随时间衰减,逐渐进入均衡涌出期。

运输巷和回风巷一般是最先完成的回采巷道,到工作面回采时,运输巷和回风巷煤壁瓦斯涌出通常已处于均衡涌出期。因而,运输巷和回风巷煤壁瓦斯涌出量与巷道长度具有线性正相关关系。采面煤壁是采煤机循环割煤暴露出来的新鲜面,单位面积煤壁瓦斯涌出量较运输巷和回风巷煤壁瓦斯涌出量要高出许多。

(2)采落煤瓦斯涌出源 Q_l

采落煤是指采面割煤机截煤和采落到刮板运输机上的煤。在煤层瓦斯含量一定的情况下,采落煤瓦斯涌出量主要与采落的煤量和它们在采面停留的时间有关,并取决于煤层厚度(采高)、割煤进刀截深、刮板运输机传送速度等因素。

(3)运输巷胶带输送机运煤瓦斯涌出源 Q_y

采面采落煤经运输巷胶带输送机外运过程中,伴随着大量瓦斯解吸释放,这部分瓦斯经由运输巷新鲜风流携带,返回到采面,并经回风巷排出。除了煤的吸附和解吸特性外,运输巷胶带输送机运煤瓦斯涌出量主要与运煤量有关,并取决于运输巷长度和胶带输送机传输速度。一般来说,当载煤量一定时,输送距离越短,运速越快,胶带输送机上煤炭的瓦斯涌出量被风流带回采面和回风巷的量越少。此外,工序也会对这部分瓦斯涌出量产生重要影响:在采煤工序,煤炭大量向外运输,胶带输送机运煤瓦斯涌出量达到最大值;而检修班,胶带输送机处于检修无煤停运状态,胶带输送机运煤瓦斯涌出量通常为0。

(4) 采空区瓦斯涌出源 Q_k

采空区涌出的瓦斯主要是采后遗留煤体解吸瓦斯和邻近煤层卸压解吸瓦斯。在顶、底板瓦斯地质条件和工作面推进速度不变的情况下,采空区瓦斯涌出也具有一定的规律性[176,177]。当工作面回采前和回采初期,采空区尚未形成,没有遗留煤体解吸瓦斯和邻近煤层卸压解吸瓦斯,采空区瓦斯涌出量为0;随着工作面不断推进,采空区开始形成,瓦斯涌出量明显增大。

按照煤矿安全监控监测要求,井工煤矿安装有瓦斯体积分数监测系统的采煤工作面,一般有 T_0、T_1、T_2、T_3 和 T_4 等甲烷体积分数监测探头。T_0 甲烷传感器设在采煤工作面切顶线对应的煤帮处,T_1 甲烷传感器设在回风流距工作面煤壁 10 m 范围内,T_2 甲烷传感器设在距回风绕道口 10～15 m 处,T_3 甲烷传感器设在距工作面煤壁 10 m 范围内,T_4 甲烷传感器设在距回风绕道口 10～15 m 处。所有甲烷传感器设置报警浓度为大于等于1%,断电浓度为大于等于1.5%。采煤工作面必须至少设置1台一氧化碳传感器和1台温度传感器,位置设在上隅角、工作面或工作面回风巷。

长壁采煤工作面甲烷传感器的设置如图8-2所示。

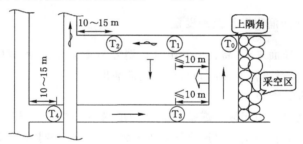

图 8-2　采煤工作面甲烷传感器布置示意图

8.2.3　瓦斯监测数据的特点

矿井安全监测系统由四部分组成,分别是监测传感器、分站、信息传输及地面中心站,主要监测瓦斯、一氧化碳、风速以及温度等参数和风机、刮板运输机、胶带输送机的运行。由于瓦斯监测在矿井下恶劣的环境下,还受到多种因素的干扰,会造成部分数据的缺失,也会造成错误数据的出现,这种情况会影响瓦斯浓度变化规律分析的准确性。本节分析监测数,并结合数据本身特点,探索应用相关的数据处理方法并对数据进行预处理分析。

8.2.3.1　瓦斯监测数据的特点

(1) 异常数据

异常数据有两种情况:一种是由于矿井自身生产环境引起的,另一种是由瓦斯的异常涌出引起的。井下恶劣的生产环境存在各种干扰源,如监测部件受到灰尘、水蒸气的影响;监测传感器故障、网络传输故障、电磁干扰等。除此之外,回采时遇到特殊的地质条件或者进行特殊的作业,如爆破、接近断层、采空区顶板垮落等,也会引起异常数据的产生。在监测系统正常运行和正常回采情况下,异常数据不容易出现。出现的异常数据是因为井下恶劣的环境导致的或者监测监控系统设备故障导致的,这些异常数据会对数据分析造成不良的影响,引起分析的结果不准确。一般情况下,由于井下环境条件引起或者系统故障引起的数据异常较明显,比如瓦斯体积分数有一段时间一直为零,在某个时间点出现反常的高值。这些异常数据对于数据的分析和计算没有用处,所以在进行数据预处理时需要剔除或者替代这些异常数据。另外,由煤层地质条件变化引起的监测数据异常,对于预测未知的煤层地质条件和瓦斯灾害有重要的用处。

（2）数据缺失

造成数据缺失的原因有很多,供电中断以及监测传感器、井下分站、信息传输系统和地面中心站任何一处故障都可能造成数据缺失;瓦斯传感器、信息传输线路基础不良也可能造成数据的缺失。数据缺失会影响安全监测监控数据的完整性,造成计算结果不准确,分析模型不合理。因此,必须对缺失数据进行补齐,尽量保持数据的完整性,提高计算分析的准确性。

（3）监测数据的复杂、非线性特性

矿井采煤工作面从开采到结束积累了大量、长时段的安全监测数据,从时间维度上来分析,监测数据受不同作业工序的变化,煤层厚度的变化,煤层瓦斯含量的变化、风量以及地面大气压变化的影响;还有采空区密闭情况,巷道通风情况等的影响。在不同位置的测点所受这些因素的影响程度不同,因此,瓦斯监测数据是高度复杂的、多变的、非线性的。

（4）监测误差大

监测误差大的主要原因是传感器因调校不规范而导致误差过大,将直接影响安全管理及计算结果,需要现场技术人员保证作业规范才能免除。另外,在传感器调校规范的条件下,由于环境的影响,会出现过高以及过低的数据,比如低于 0.08% 或者高于 1% 的数据,只会增大计算的误差,这些数据应当给予剔除,以免影响精度。

8.2.3.2　瓦斯监测数据预处理

瓦斯监测异常数据出现的原因有很多,监测设备故障、煤尘以及技术人员调校都有可能引起数据的缺失、过大或者过小甚至出现负值,在对数据进行分析时,这些缺失和异常的数据,不符合瓦斯涌出的一般规律,大大影响分析的准确性。基于这种情况,要想得到更加准确的分析结果,对这些监测数据进行预处理就显得很重要。对异常数据不能直接去除,这样会影响数据的真实性和完整性。但是,这类异常数据明显偏离连续一段时间监测数据的总体统计分布,影响分析模型的合理性与计算精度,在做应用分析时可预先进行规范化处理。由于现在的监测传感器在正常运行时已经达到很高的精度,每一秒都会有一个监测值,即使监测数据受到煤尘等的干扰,但监测的真实值在时间点的前后是具有相关性的,古汉山矿16021 采煤工作面设置的监测传感器每一秒都会有一个监测值。因此,可以用该数据点前后一段时间内数据的统计参数替换。

可以通过"孤立大数""孤立小数""负数"剔除和缺失数据采用前后两个时间数据的平均数方法,对采煤工作面瓦斯浓度监测数据进行错误数据预处理。这里抽取古汉山煤矿16021 采煤工作面 2015 年 5 月 27 日和 8 月 20 日两天瓦斯浓度数据预处理的曲线图来举例说明。

从图 8-3 可以看出,5 月 27 日 6:35 时刻 T_2 监测传感器监测到的瓦斯浓度值为 -2,这是很明显的错误数据,在对数据进行分析的时候应该剔除;在 9:00 左右,T_3 监测传感器监测到的瓦斯浓度值为 -1,也应该剔除。

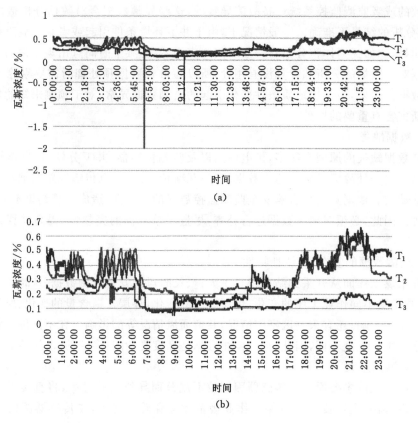

图 8-3　16021 采煤工作面(5 月 27 日)预处理前后瓦斯浓度曲线图
(a) 预处理前瓦斯浓度曲线图；(b) 预处理后瓦斯浓度曲线图

从图 8-4 可以看出，预处理前，8 月 20 日全天监测传感器监测到的瓦斯浓度有很多突出的大数和小数，这些异常值会影响数据分析的可靠性，进而会对瓦斯浓度的变化规律造成影响，但是这些异常数据不能直接去除，这样会影响数据的完整性。以异常数据为基础，选取异常数据前 5 s 和后 5 s 的数据进行平均，得到一个平均值。因为监测传感器在正常运行时已经达到很高的精度，每一秒都会有一个监测值，即使监测数据受到煤尘等的干扰，但监测的真实值在时间点的前后是具有相关性的，所以可以用这个平均值来替代异常值。

8.2.4　试验工作面瓦斯浓度监测概况

14171 采煤工作面采用"U"形通风方式，风流方向为：14171 进风巷→工作面→14171 回风巷。工作面装有 3 个瓦斯和风速监测探头，探头 T_1 和 T_3 分别设在回风巷和运输巷里口距采面 10 m 处，探头 T_2 设在回风巷外口距回风眼 10 m 处。回采期间，探头 T_1 和 T_3 随着采面推进而移动位置，T_2 的位置不变。工作面及瓦斯监测探头布置如图 8-5 所示。

自 14171、16021 工作面开采开始至开采结束，对瓦斯浓度、风速数据进行了连续监测采集，获得了大量一手现场资料。本章所使用的瓦斯浓度与风速数据，均来自 14171 或 16021 采煤工作面各个开采阶段。

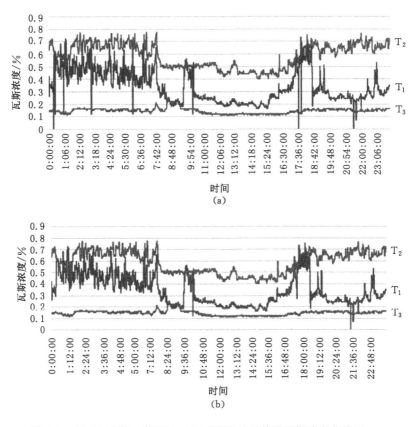

图 8-4　16021 采煤工作面（8 月 20 日）预处理前后瓦斯浓度曲线图

（a）预处理前瓦斯浓度曲线图；（b）预处理后瓦斯浓度曲线图

图 8-5　14171 采煤工作面瓦斯监测探头布置示意图

8.3　采煤工作面瓦斯浓度监测曲线特征

下面具体针对古汉山煤矿 16021 采煤工作面，分析瓦斯浓度监测曲线变化的影响因素。由于 16021 采煤工作面煤层埋藏深度变化不大，瓦斯浓度变化受煤层埋藏深度变化的影响较小，而煤层埋藏深度又是影响瓦斯浓度的主要地质因素，所以本书不再考虑地质因素对瓦斯浓度变化的影响，主要研究生产因素对瓦斯浓度变化的影响。

8.3.1 瓦斯浓度监测曲线变化的影响因素

在矿井瓦斯监测数据的采集、传输与处理过程中,受井下特殊、复杂的生产环境与监测系统本身的局限性影响,再加上地质因素和生产因素对瓦斯浓度的影响,瓦斯监测数据往往表现出复杂、非线性的特性。在正常瓦斯地质和生产条件下,影响瓦斯浓度监测曲线变化的影响因素主要是采煤工序、特殊作业等。下面主要分析生产因素对瓦斯浓度曲线的影响。

(1)开采规模对瓦斯浓度的影响

对于一个矿井来说,开采的深度越深,其煤层所含的瓦斯量越高,开采与开拓的范围越广,煤层与围岩的暴露面积就随之增加,矿井的瓦斯涌出量也就越大。

矿井瓦斯涌出量与矿井产量之间的关系较为复杂,就针对绝对瓦斯涌出量来说,一般在矿井开拓初期,开拓范围慢慢扩大,瓦斯涌出量会随之增加;矿井在进入采煤阶段之后,随着煤炭产量的增加,绝对瓦斯涌出量也会增加,瓦斯浓度也随之增加。这是因为在回采初期,打破了工作面上覆原岩应力平衡,并且产生了煤岩裂隙,继而形成了瓦斯卸压带,导致从煤层中解吸出大量的瓦斯,这些瓦斯涌入工作面。随着工作面的推进,基本顶岩梁垮落,卸压的煤层范围得到进一步扩大,赋存于围岩中的瓦斯也将不同程度地涌入工作面。基本顶垮落后,继续推进工作面,处于冒落带内的碎石逐渐被上覆岩层压实,裂隙带内的岩层继续下沉。裂缝进一步发育,并向上部岩层扩展,导致相邻煤层中的瓦斯得以解吸流入,再一次增加了工作面的瓦斯浓度。而且,在正常开采期间,伴随着顶板的周期来压,顶板的破碎程度逐渐加大,使得工作面的瓦斯浓度也呈现周期性增大的趋势。

(2)工作面日产量对瓦斯浓度的影响

对于不受断层、火成岩侵入、顶底板岩性等影响,煤层瓦斯赋存规律和条件近似的工作面而言,其煤层瓦斯浓度、煤层瓦斯压力、煤层透气性系数、与邻近层的间距也基本相同。同时,一般工作面在采煤机和支架安装完毕后,其开采顺序、生产工艺、采空区管理技术措施也都是按照设计之初的规程实施。因此,一般正常情况下,回采过程中工作面的瓦斯涌出量主要受生产能力(日产量)影响。这主要是因为随着产量的增加,工作面落煤瓦斯含量增大,工作面瓦斯浓度也随之增大。

(3)采煤工艺对瓦斯浓度的影响

在工作面相同的条件下,综采放顶煤工作面与普通综采面相比,综采放顶煤工作面的瓦斯浓度比普通综采面的大,即煤层瓦斯含量相同时,综采放顶煤工作面的瓦斯浓度会大幅度增加;综放面的采厚大,增大了工作面上部冒落带和裂隙带的高度,扩大了影响上邻近层的范围,加大了邻近层的瓦斯卸压排放程度,因此综放面的邻近层瓦斯浓度比普通综采面的大;综采开放时,由于放煤工艺难以控制,采出率一般比普通综采低 10% 左右,采空区大量遗煤将使采空区瓦斯总量和瓦斯浓度显著增大。

由图 8-6 可以看出,在采煤期间,割煤机采出大量煤炭,也使大量瓦斯涌出,进而瓦斯浓度数值明显增加。由于割煤速度可能发生一定程度的变化,采落煤量也可能不同,因而造成瓦斯涌出量也发生相应的变化,使瓦斯浓度监测曲线出现较大的波动。检修班时,割煤机停止作业,瓦斯涌出量减小,瓦斯浓度降低,瓦斯浓度曲线变化程度也相应减小。根据这些特点,通过三个探头的瓦斯浓度变化特点,能够比较容易地区分不同班次和工序以及工序持续的时间,为不同工序期间瓦斯浓度变化规律分析提供了基础。

16021 工作面采用端部斜切进刀割三角煤双向割煤方式,每个采煤班进行三个循环作

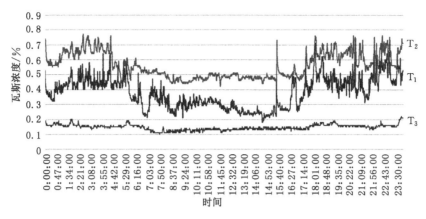

图 8-6　三个探头在不同工序的瓦斯浓度变化

业。在 16021 采煤工作面瓦斯浓度监测曲线上,可以明显地体现出采煤循环对瓦斯浓度变化影响的特点,如图 8-7 所示。

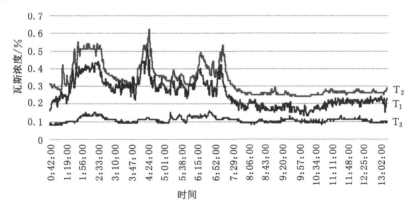

图 8-7　采煤循环对瓦斯浓度的影响

从图 8-7 可以看出,三条瓦斯浓度监测曲线均形成了三个峰值,这是受到了采煤循环的影响。16021 工作面每个采煤班进行三个循环作业,当采煤机割煤时,新鲜煤壁暴露,瓦斯浓度上升,在采煤机进行下一次割煤之前瓦斯浓度下降,所以瓦斯浓度曲线会形成三个峰值。从时间上来看,在采煤期间,大概每 2 h 会出现一次峰值。由于采煤机每进行一次割煤作业大概需要 2 h,再加上上下班 2 h,进行三个循环作业一共大概需要 8 h,与我国煤矿实行"八小时工作制"相符合。

从图 8-8 可以看出,在采煤期间,瓦斯浓度曲线呈现波动的趋势,大体上形成一个峰值趋势,与上面所描述的三个峰值不符。但是这也属于采煤机在割煤时瓦斯浓度监测曲线变化的一种情况。在图中可以看出,瓦斯浓度的值都比较高,采煤速度快会使瓦斯浓度超限,为了降低瓦斯浓度,降低采煤速度,减缓割煤速度,导致 6 h 只有一个循环,瓦斯浓度曲线上就只表现出了一个峰值。其间瓦斯浓度会有小的起伏变化,这就导致了割煤机会出现短暂的停止,当瓦斯浓度值趋于稳定时,割煤机又继续开始作业。

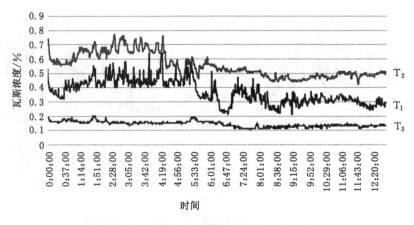

图 8-8　割煤速度对瓦斯浓度的影响

8.3.2　瓦斯浓度时间序列特征

时间序列数据分析是在一个或多个动态数据处理的基础上进行分析的方法,它可以从所要分析的时序内选取时序内部的规律,包括时序的数值、周期性、趋势性分析和预测等。与经典的统计分析不同的是,其更侧重于对数据序列的互相依赖关系进行研究,而经典统计分析都是在假定数据序列具有独立性的基础上进行研究。时间序列数据分析从本质上来说是对随机过程中离散指标的统计和分析,因此还能把它看作是随机过程统计的一个组成部分。时间序列其实是依照时间顺序获取一系列实际观测数据,其中大量数据都是通过以时间序列的形式表现出来的,如本书将用到的煤矿瓦斯每日浓度统计数据等。然后再组成时间顺序数字序列,时间序列分析就是利用这些数字序列,对其应用数理统计方法进行处理之后,找出一定的趋势和规律,最后用来预测事物将来的发展趋势和情况。总的来说,时间序列的一个根本特性就是相邻各个数据的依赖性,在时间序列这个模式下所进行的数据分析就是这种依赖性的分析技巧。

本书就是基于采煤工作面瓦斯浓度历史数据,进行时间序列分析,进而来确定采煤工作面不同工序的瓦斯浓度变化特征,揭示采煤工作面瓦斯浓度变化特征。

（1）不同工序瓦斯浓度变化特征

从图 8-9 可以看出,正常生产条件下,检修班时的三条曲线变化不大,三个探头测到的瓦斯浓度数据基本不变;采煤班时三条曲线协同变化,瓦斯浓度较高,且数据波动比较大。

由于在采煤班进行正常的采煤,而采煤班与检修班的作业存在很大不同,因此对采煤班和检修班分开进行分析。T_2 监测点设在回风眼附近,监测到的瓦斯浓度数据可以显示出瓦斯浓度总体变化的特征和规律。所以,针对古汉山煤矿 16021 采煤工作面,以天为单位,分别对 T_2 探头在采煤班和检修班时测得的瓦斯浓度数据进行分析,并计算出每天采煤班和检修班的最大值、平均值和最小值,绘制出正常生产条件下瓦斯浓度变化趋势线。

以天为单位,在 5 月至 9 月内,选取每天 T_2 监测点采煤班的瓦斯浓度的最大值,绘制瓦斯浓度变化趋势线,如图 8-10 所示。

从图 8-10 可以看出,在采煤班时,T_2 监测点监测到的瓦斯浓度最大值不低于 0.55%,不高于 0.8%,且有逐步增加的趋势。

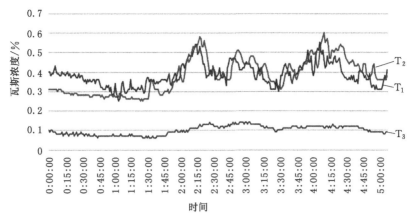

图 8-9　不同班次对瓦斯浓度的影响

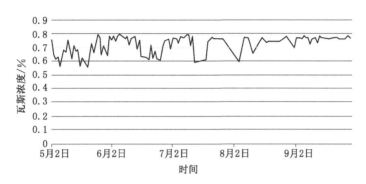

图 8-10　采煤班瓦斯浓度最大值

以天为单位,在 5 月至 9 月内,选取每天 T_2 监测点采煤班的瓦斯浓度的平均值,绘制瓦斯浓度变化曲线,如图 8-11 所示。

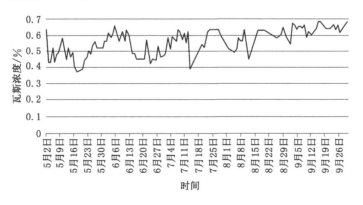

图 8-11　采煤班瓦斯浓度平均值

从图 8-11 可以看出,在采煤班时,T_2 监测点监测到的瓦斯浓度平均值不低于 0.37%,不高于 0.68%,且有逐步增加的趋势。

以天为单位,在 5 月至 9 月内,选取每天 T_2 监测点采煤班的瓦斯浓度的最小值,绘制瓦斯浓度变化曲线,如图 8-12 所示。

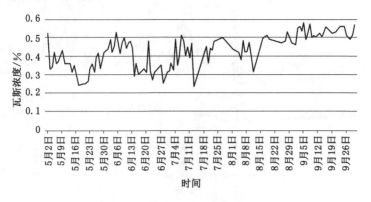

图 8-12　采煤班瓦斯浓度最小值

从图 8-12 可以看出,在采煤班时,T_2 监测点监测到的瓦斯浓度最小值不低于 0.23%,不高于 0.58%,且有逐步增加的趋势。

以天为单位,在 5 月至 9 月内,选取每天 T_2 监测点检修班的瓦斯浓度的最大值,绘制瓦斯浓度变化曲线,如图 8-13 所示。

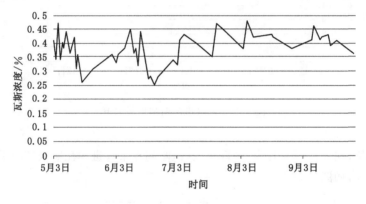

图 8-13　检修班瓦斯浓度最大值

从图 8-13 可以看出,在检修班时,T_2 监测点监测到的瓦斯浓度最大值不低于 0.25%,不高于 0.48%,且有逐步增加的趋势。

以天为单位,在 5 月至 9 月内,选取每天 T_2 监测点检修班的瓦斯浓度的平均值,绘制瓦斯浓度变化曲线,如图 8-14 所示。

从图 8-14 可以看出,在检修班时,T_2 监测点监测到的瓦斯浓度平均值不低于 0.24%,不高于 0.45%,且有逐步增加的趋势。

以天为单位,在 5 月至 9 月内,选取每天 T_2 监测点检修班的瓦斯浓度的最小值,绘制瓦斯浓度变化曲线,如图 8-15 所示。

从图 8-15 可以看出,在检修班时,T_2 监测点监测到的瓦斯浓度最小值不低于 0.23%,不高于 0.43%,且有逐步增加的趋势。

从图 8-16 和图 8-17 可以看出,在采煤班时,T_2 监测点监测到的瓦斯浓度最大值、平均值和最小值之间变化较大,且最大值不超过 0.8%,平均值大约为 0.56%,最小值不低于

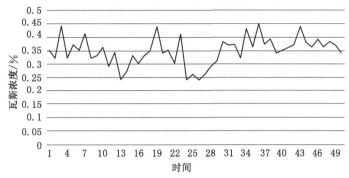

图 8-14　检修班瓦斯浓度平均值

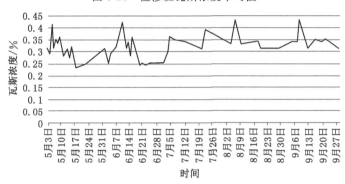

图 8-15　检修班瓦斯浓度最小值

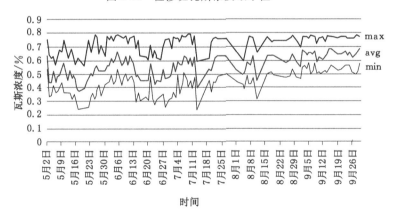

图 8-16　采煤班瓦斯浓度变化

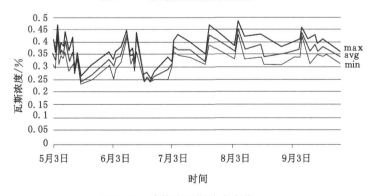

图 8-17　检修班瓦斯浓度变化

0.25％；在检修班时，T_2监测点监测到的瓦斯浓度最大值、平均值和最小值曲线间隔较小，变化较小，且最大值不超过0.48％，平均值大约为0.35％，最小值不低于0.23％。说明在采煤班时，T_2监测点监测到的瓦斯浓度值波动大；在检修班时，T_2监测点监测到的瓦斯浓度值比较平稳。检修班进行打钻、打排放孔等作业，这些作业会引起局部短时间瓦斯的涌出，相比较采煤班，瓦斯浓度较小，所以在进行换班时，采煤班时探头监测数据总体上比检修班会有所增加。运输巷煤壁和回风巷煤壁随着工作面的推进，煤壁暴露时间也在延长，瓦斯浓度会随之发生变化，这种变化，会体现在不同班次期间瓦斯浓度数值的变化。

（2）不同时段瓦斯浓度变化特征

随着时间的推进，瓦斯浓度监测值会发生上下波动，这是因为从开切眼开采到逐渐形成采空区，邻近煤层瓦斯涌入增加了瓦斯源浓度，工作面顶板垮落和周期来压都会造成瓦斯涌出量增加。

从图8-18可以看出，T_2监测点在采煤班时监测到的瓦斯浓度数据变化幅度较大，在检

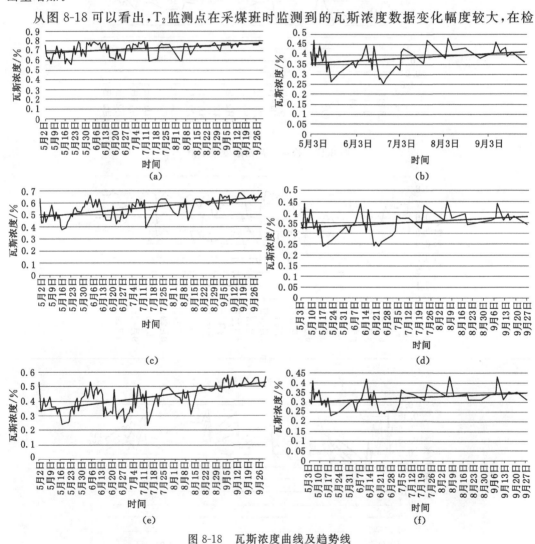

图8-18　瓦斯浓度曲线及趋势线

（a）采煤班瓦斯浓度最大值曲线及趋势线；（b）检修班瓦斯浓度最大值曲线及趋势线；

（c）采煤班瓦斯浓度平均值曲线及趋势线；（d）检修班瓦斯浓度平均值曲线及趋势线；

（e）采煤班瓦斯浓度最小值曲线及趋势线；（f）检修班瓦斯浓度最小值曲线及趋势线

修班时监测到的瓦斯浓度数据变化幅度较小。在采煤班时,受运输巷和采面煤壁涌出瓦斯的影响,由于运煤和采落煤涌出的瓦斯多,采煤机推进速度的不同,会导致 T_2 监测探头监测到的瓦斯浓度值有较大的变化,而且煤炭大量向外运输,带式输送机运煤涌出的瓦斯达到最大值。在检修班时,割煤机和刮板输送机通常处于停止状态,只有煤壁和采空区涌出瓦斯,基本趋于稳定,所以在准备工序时,瓦斯浓度变化较小。在采煤班和检修班所得到的瓦斯浓度趋势线都呈上升趋势,T_2 受到采空区涌出瓦斯的影响,当工作面在回采前和回采初期,采空区尚未形成,没有遗留煤体解吸瓦斯和邻近煤层卸压解吸瓦斯,采空区涌出的瓦斯为 0,随着工作面不断推进,采空区开始形成,涌出的瓦斯增加,瓦斯浓度随之变大。

8.3.3 瓦斯浓度变化趋势特征

现阶段煤矿现场不同地点的瓦斯浓度界限值,主要基于《煤矿安全规程》规定的数值。在煤矿井下生产过程中,瓦斯浓度超出规定的界限值,应立刻停止井下作业,还要按照规程规定做出相应的处理和整治。如果能在对规程各项规定严格执行的同时,也对现场不同时段瓦斯实时监测数据进行统计分析,找到瓦斯浓度变化趋势的标准曲线,就可以使瓦斯管理从事后应急向事前干预转变,这肯定能为煤矿安全控制提供有利的条件,而且对煤矿现场的安全管理有着重大的意义。

通过对 T_2 监测点 5 个月期间各个采煤班和检修班的瓦斯浓度的最大值、最小值和平均值进行多项式曲线拟合,得到的如图 8-19、图 8-20 所示曲线。从图 8-19、图 8-20 可以看出,采煤工作面瓦斯浓度具有周期性变化的特点。

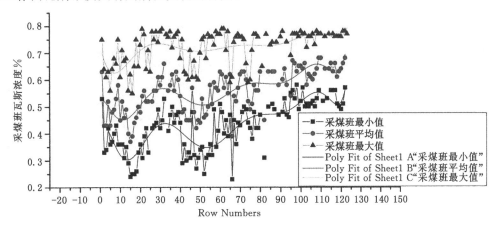

图 8-19 采煤班瓦斯浓度拟合曲线

采煤班瓦斯浓度数据拟合公式:

$$Y = a_0 + a_1 \times x + a_2 \times x^2 + a_3 \times x^3 + a_4 \times x^4 + a_5 \times x^5 + a_6 \times x^6 + a_7 \times x^7 + a_8 \times x^8 + a_9 \times x^9$$

检修班瓦斯浓度数据拟合公式:

$$Y = a_0 + a_1 \times x + a_2 \times x^2 + a_3 \times x^3 + a_4 \times x^4 + a_5 \times x^5 + a_6 \times x^6 + a_7 \times x^7 + a_8 \times x^8 + a_9 \times x^9$$

通过对 T_2 监测点采煤班和检修班瓦斯的最大值、最小值和平均值进行回归分析,得到的结果如图 8-21 所示。

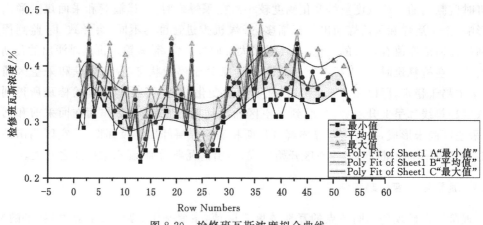

图 8-20　检修班瓦斯浓度拟合曲线

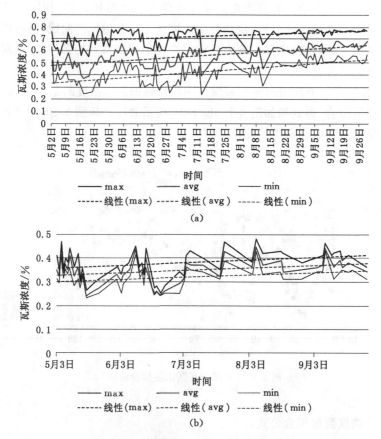

图 8-21　不同班次瓦斯浓度变化趋势线
（a）采煤班瓦斯浓度及趋势线；（b）检修班瓦斯浓度及趋势线

从图 8-21 可以看出，T_2 监测点在采煤班和检修班时的趋势线即为瓦斯浓度变化趋势线。在实际生产中，采煤班时，T_2 监测点监测的瓦斯浓度值应该在采煤班标准曲线附近，并且最大值不能超过 0.8%，最小值不低于 0.25%；检修班时，T_2 监测点监测的瓦斯浓度值应该在检修班标准曲线附近，并且最大值不超过 0.48%，最小值不低于 0.23%。如果 T_2 监测点监测的瓦斯浓度在这个范围之内,则表示可以进行生产;如果 T_2 监测点监测的瓦斯浓度超过或者没有在这个范围之内,则表示存在异常情况,需要引起重视。

8.4　基于瓦斯浓度特征的瓦斯涌出源计算方法

8.4.1　采煤工作面瓦斯浓度监测特征分析

由于我国煤矿实行"两采一准,8 小时工作制",不同工序,采落煤瓦斯涌出量明显不同。在采煤工序,割煤机正常运转,采落煤瓦斯涌出量最大;在准备工序,割煤机和刮板运输机通常处于停止状态,采落煤瓦斯涌出量为 0。

根据长壁采煤工作面布局与生产特点,结合瓦斯监测探头在采煤工作面的位置关系,探头 T_1、T_2、T_3 在不同工序监测到的瓦斯涌出源不同,可以划分各个探头控制的瓦斯涌出源,如图 8-22 所示。

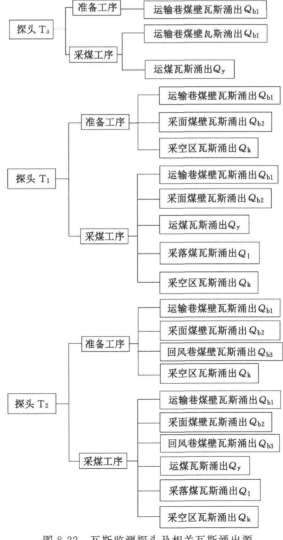

图 8-22　瓦斯监测探头及相关瓦斯涌出源

探头 T_1：回采初期，在准备工序，受 Q_{b1}、Q_{b2} 的影响；在采煤工序，受 Q_{b1}、Q_{b2}、Q_1 和 Q_y 的影响。采空区形成后，无论是准备工序还是采煤工序，均受 Q_k 的影响。

探头 T_2：回采初期，在准备工序，受 Q_{b1}、Q_{b2} 和 Q_{b3} 的影响；在采煤工序，受 Q_{b1}、Q_{b2}、Q_{b3}、Q_1 和 Q_y 的影响。采空区形成后，无论是准备工序还是采煤工序，均受 Q_k 的影响。

探头 T_3：在准备工序，只受 Q_{b1} 的影响；在采煤工序，受 Q_{b1} 和 Q_y 的影响。

8.4.2 采煤工作面瓦斯涌出分源计算方法的构建

8.4.2.1 Q_b 的计算

（1）Q_{b1} 的计算

因为准备工序期间，探头 T_3 只受运输巷煤壁瓦斯涌出 Q_{b1} 的影响，因而，可通过准备工序期间探头 T_3 的瓦斯体积分数 C_{31} 和风量 q_{31} 按下列公式直接计算 Q_{b1}：

$$Q_{b1} = C_{31} Q_{31}$$

式中　C_{31}——探头 T_3 在准备工序期间监测到的瓦斯体积分数，%；

　　　Q_{31}——探头 T_3 在准备工序期间监测到的瓦斯体积分数风量，m^3/min。

（2）Q_{b2} 的计算

采面煤壁瓦斯涌出量 Q_{b2} 属于新揭露煤壁的瓦斯涌出量，根据探头 T_1 和 T_3 在准备工序期间的观测值，按下列公式计算 Q_{b2}：

$$Q_{b2} = C_{11} Q_{11} - C_{31} Q_{31} - Q_k$$

式中　C_{11}——探头 T_1 在准备工序期间监测到的瓦斯体积分数，%；

　　　q_{11}——探头 T_1 在准备工序期间监测到的瓦斯体积分数风量，m^3/min；

　　　Q_k——采空区瓦斯涌出量，m^3/min（在回采初期，采空区尚未形成时，Q_k 为 0）。

也可以根据在同一瓦斯地质单元中煤巷掘进工作面的绝对瓦斯涌出量推算 Q_{b2}。

（3）Q_{b3} 的计算

因为回风巷煤壁瓦斯涌出与运输巷煤壁瓦斯涌出规律相同，已处于均衡涌出期，因而，可把回风巷与运输巷的煤壁单位面积瓦斯涌出量视为相等。

也可以在回采初期、采空区形成前，根据探头 T_1 和 T_2 的观测值，按下式计算 Q_{b3}：

$$Q_{b3} = C_{23} q_1 - C_{13} q_1$$

式中　C_{23}——回采初期探头 T_2 在准备工序期间监测到的瓦斯体积分数，%；

　　　C_{13}——回采初期探头 T_1 在准备工序期间监测到的瓦斯体积分数，%；

　　　q_1——回采初期准备工序期间在回风巷监测到的瓦斯体积分数风量，m^3/min。

8.4.2.2 Q_y 的计算

根据 T_3 在采煤工序期间监测到的瓦斯体积分数和风速，首先计算运输巷瓦斯涌出总量，再减去运输巷煤壁瓦斯涌出量 Q_{b1}。计算公式如下：

$$Q_y = C_{32} q_{32} - Q_{b1}$$

式中　C_{32}——探头 T_3 在采煤工序期间监测到的瓦斯体积分数，%；

　　　q_{32}——在采煤工序期间监测到的瓦斯体积分数风量，m^3/min。

也可以用 T_3 在采煤工序和准备工序期间监测到的瓦斯体积分数差 ΔC_3，乘以运输巷的风量 q_3 来计算 Q_y。计算公式为：

$$Q_y = q_3 \Delta C_3$$

8.4.2.3 Q_1 的计算

采落煤瓦斯涌出量 Q_1，可在回采初期、采空区尚未形成时，根据探头 T_1 和 T_3 在采煤工序期间的监测值，按下列公式计算：

$$Q_1 = C_{13}q_{13} - C_{33}q_{33} - Q_{b2}$$

式中　C_{13}——回采初期采空区尚未形成时，探头 T_1 在采煤工序期间监测到的瓦斯体积分数，%；

　　　C_{33}——回采初期采空区尚未形成时，探头 T_3 在采煤工序期间监测到的瓦斯体积分数，%；

　　　q_{13}、q_{33}——回采初期采空区尚未形成时，在采煤工序期间监测到的瓦斯体积分数风量，m^3/min；

　　　Q_{b2}——同期计算获得的采面煤壁瓦斯涌出量，m^3/min。

当采空区形成后，要获得采落煤瓦斯涌出量 Q_1，还需从探头 T_1 在采煤工序期间观测到的瓦斯涌出总量中减去采空区瓦斯涌出量 Q_k，并按下列公式计算 Q_1：

$$Q_1 = C_{12}q_{12} - C_{32}q_{32} - Q_{b2} - Q_k$$

式中　C_{12}——采空区形成后，探头 T_1 在采煤工序期间监测到的瓦斯体积分数，%；

　　　C_{32}——采空区形成后，探头 T_3 在采煤工序期间监测到的瓦斯体积分数，%；

　　　q_{12}、q_{32}——采空区形成后，在采煤工序期间监测到的瓦斯体积分数风量，m^3/min。

也可以根据探头 T_1 在采煤工序和准备工序监测到的瓦斯体积分数差 ΔC_1，乘以采面的风量 q_2，计算 Q_1。计算公式为：

$$Q_1 = q_2 \Delta C_1$$

8.4.2.4 Q_k 的计算

采空区瓦斯涌出量 Q_k 的计算，可采用差值法和剔除法。

（1）差值法

在正常瓦斯地质条件下，探头 T_1 在采空区形成前后监测到的瓦斯涌出总量的差值，就是采空区瓦斯涌出量 Q_k。计算公式为：

$$Q_k = C_{12}q_{12} - C_{13}q_{13}$$

（2）剔除法

在准备工序期间：

$$Q_k = C_{11}q_{11} - Q_{b2} - C_{31}q_{31}$$

在采煤工序期间：

$$Q_k = C_{12}q_{12} - Q_{b2} - Q_1 - C_{32}q_{32}$$

8.4.3　现场应用

8.4.3.1　采空区瓦斯涌出量 Q_k 的计算

14171 采煤工作面采空区形成前后，瓦斯监测探头 T_1 在准备工序的观测曲线呈现出明显的差异。通过比较采空区形成前后瓦斯体积分数监测曲线，便可以得到采空区瓦斯涌出量大小。如图 8-23 所示，采空区形成前后，T_1 观测到的瓦斯平均体积分数分别是 0.23% 和 0.33%。因而，通过计算获得 14171 采煤工作面采空区形成初期的瓦斯涌出量为 1.79 m^3/min。计算过程为：

$$Q_k = C_{12}q_{12} - C_{13}q_{13} = 0.33\% \times 1\ 596 - 0.23\% \times 1\ 510 = 1.79\ (m^3/min)$$

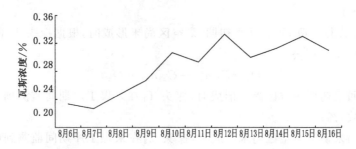

图 8-23　14171 采煤工作面回采初期探头 T_1 瓦斯体积分数监测曲线

其中,1 596 m^3/min 和 1 510 m^3/min 是采空区形成前后实际监测到的采面风量。

8.4.3.2　煤壁瓦斯涌出量 Q_b 的计算

（1）Q_{b1} 和 Q_{b2} 的计算

根据采空区形成后,准备工序期间的 T_1 和 T_3 瓦斯体积分数观测曲线(图 8-24),探头 T_3 和 T_1 在观测时段的平均瓦斯体积分数分别为 $C_{31}=0.15\%$ 和 $C_{11}=0.46\%$。因而,通过计算,获得运输巷煤壁瓦斯涌出量 Q_{b1} 为 2.34 m^3/min,采面煤壁瓦斯涌出量 Q_{b2} 为 3.06 m^3/min。计算过程如下：

$$Q_{b1}=C_{31}q_{31}=0.15\%\times 1\ 562=2.34\ (m^3/min)$$

$$Q_{b2}=C_{11}q_{11}-Q_{b1}-Q_k=0.46\%\times 1\ 562-2.34-1.79=3.06\ (m^3/min)$$

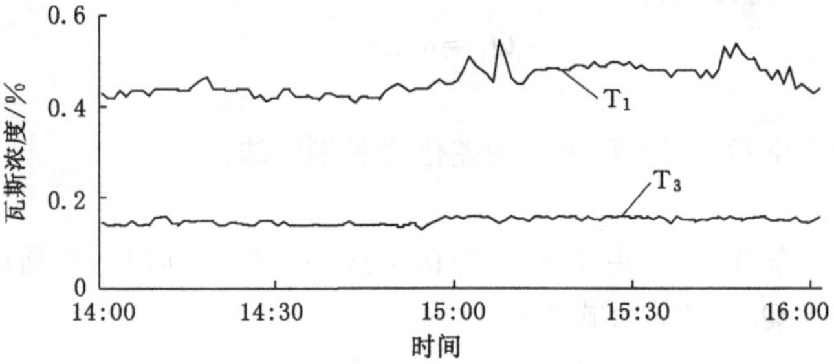

图 8-24　准备工序期间 T_1 和 T_3 瓦斯体积分数监测曲线

（2）Q_{b3} 的计算

采空区形成之前,在准备工序,探头 T_1 受 Q_{b1} 和 Q_{b2} 的影响,探头 T_2 受 Q_{b1}、Q_{b2} 和 Q_{b3} 的影响。根据图 8-25,用 T_2 在准备工序期间监测到的平均瓦斯体积分数减去 T_1 的平均瓦斯体积分数,再乘以风量,即可得回风巷煤壁瓦斯涌出量 Q_{b3}。Q_{b3} 计算结果为 2.03 m^3/min,过程如下：

$$Q_{b3}=(C_{21}-C_{11})q_1=0.13\%\times 1\ 562=2.03\ (m^3/min)$$

8.4.3.3　运煤瓦斯涌出量 Q_y 的计算

在准备工序,探头 T_3 只受 Q_{b1} 的影响,而在采煤工序则受 Q_{b1} 和 Q_y 的共同影响,所以,用 T_3 在采煤工序和准备工序的瓦斯体积分数差,乘以运输巷的风量,即可得到 Q_y。根据图 8-26,按下式计算,获得胶带输送机运煤瓦斯涌出量 Q_y 为 0.47 m^3/min。

$$Q_y=q_3\Delta C_3=1\ 562\times 0.03\%=0.47\ (m^3/min)$$

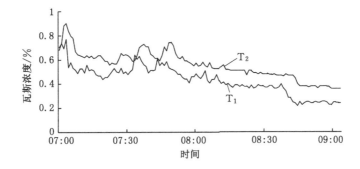

图 8-25 准备工序期间 T_1 和 T_2 瓦斯体积分数监测曲线

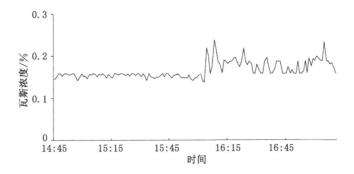

图 8-26 换班期间 T_3 瓦斯体积分数监测曲线

8.4.3.4 采落煤绝对瓦斯涌出量 Q_1 的计算

根据图 8-27,探头 T_1 在准备工序和采煤工序监测到的平均瓦斯体积分数分别为 0.43% 和 0.61%。因而,按下式计算,获得采落煤瓦斯涌出量 Q_1 为 2.81 m³/min。

$$Q_1 = q_2 \Delta C_1 = 1\ 562 \times (0.61\% - 0.43\%) = 2.81\ (\text{m}^3/\text{min})$$

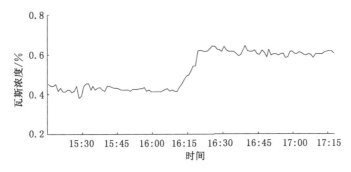

图 8-27 换班期间 T_1 瓦斯体积分数监测曲线

上述计算结果表明,该工作面绝对瓦斯涌出总量 $Q = Q_k + Q_{b1} + Q_{b2} + Q_{b3} + Q_y + Q_1 = 12.5$ m³/min。其中,采落煤和采面煤壁瓦斯涌出量占 47%,运输巷和回风巷煤壁瓦斯涌出量占 35%,采空区瓦斯涌出量占 14%,胶皮带输送机运煤瓦斯涌出量占 4%。

8.5 基于瓦斯浓度特征的生产工序判识方法

8.5.1 瓦斯浓度曲线特征分析

采煤工作面生产工序主要有采煤工序和非采煤工序（准备工序）。14171 采煤工作面作业遵循"两采一准"的循环作业形式，具体指两个采煤班、一个准备班，在采煤班内进行"落、装、运、支、移（输送机）"等工序。准备班主要是检修设备、更换易损零部件和回风巷支架等工作。

采煤工作面瓦斯涌出量的大小，受煤层瓦斯地质条件、生产条件和生产工序的影响很大，以致采煤工作面瓦斯浓度（瓦斯体积分数）经常发生变化[178,179]。采煤工作面瓦斯涌出受很多因素的影响，生产工序割煤或落煤时，会产生大量瓦斯气体[180,181]，当生产工序发生变化时，会引起瓦斯涌出量也随之变化，相应的瓦斯监测曲线也出现波动，波动具有多变性和不稳定性。

（1）不同班次瓦斯浓度监测曲线特征分析

准备班时，探头 T_3 监测的主要是运输巷煤壁的瓦斯涌出，T_1 监测的是运输巷煤壁及采煤煤壁的瓦斯涌出和采空区的瓦斯涌出，T_2 监测的是运输巷、回风巷及采面煤壁和采空区的瓦斯涌出。采煤班相对于检修班 T_3 增加了运煤的瓦斯涌出，T_1 增加了运煤和采落煤的瓦斯涌出。图 8-28 为该矿 14171 采煤工作面 2015 年 1 月 7 日和 1 月 8 日瓦斯体积分数变化趋势图。

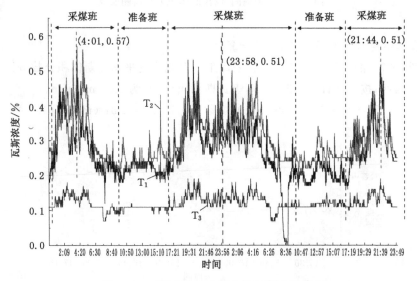

图 8-28　不同班次 3 个探头的瓦斯浓度变化

由图 8-28 可以看出，该矿在正常瓦斯地质和开采条件下，采煤工作面 3 个瓦斯探头监测到的曲线具有一定协调变化的特点，变化趋势相同，呈"两峰一谷"的趋势特征，符合"两采一准"的工作状态。由于风流经过探头的顺序不一样，所以趋势在时间上会有延迟，具体表现为 T_1 滞后于 T_3，T_2 滞后于 T_1，T_1、T_2 和 T_3 先后达到峰值，曲线具有明显的相关性特征。1 月 7 日和 1 月 8 日探头 T_1 和 T_2 瓦斯浓度监测曲线波形和波幅相似，具有明显周期性特征,周期为 24 h。

采煤班(0 a.m.～8 a.m.、4 p.m.～12 p.m.)期间,受采落煤瓦斯涌出影响,瓦斯涌出量较大,工作面瓦斯浓度相应增大,各探头监测的瓦斯浓度数据总体偏高,探头 T_1、T_2 和 T_3 的瓦斯浓度曲线协调变化,每个采煤班出现 3～4 个峰值。

准备班(8 a.m.～4 p.m.)期间,瓦斯涌出量比较小,对应的瓦斯浓度较低,在监测曲线上呈现的瓦斯浓度监测值总体偏小。探头 T_1、T_2 和 T_3 的瓦斯浓度监测曲线均无明显波动变化,T_3 瓦斯体积分数在 0.1% 左右上下浮动,波动振幅不大,曲线接近水平线。

(2)采煤作业期间瓦斯浓度曲线特征分析

采煤作业期间,受采落煤瓦斯涌出影响,瓦斯浓度体积分数偏高,对大量的监测数据统计发现,一个采煤班期间,瓦斯体积分数的峰值有 3～4 个,峰值的出现原因主要是随着采煤机向回风巷方向推进的过程中,刮板运输机上采落煤增多,当采煤机移动到上隅角附近时,刮板运输机上充满了煤,大量解吸的瓦斯随风流运移到上隅角附近的瓦斯监测探头,瓦斯浓度达到峰值。

工作面推进速度不同也会对曲线峰值特征产生影响,常见的有"三连峰"和"四连峰"。当工作面推进速度较快时,采煤机的运行速度快,产生的落煤量也会增加,从而导致工作面的瓦斯浓度和瓦斯涌出量都会相应增加。以 14171 工作面瓦斯浓度监测曲线图(图 8-29)为例,在正常瓦斯地质和开采条件下,在该采煤班作业期间瓦斯浓度体积分数出现三次峰值,共采三刀煤,采一刀煤所需时间分别为 122 min、144 min 和 185 min。根据该采煤工作面作业规程可知,平均割一刀煤约 2.7 h。

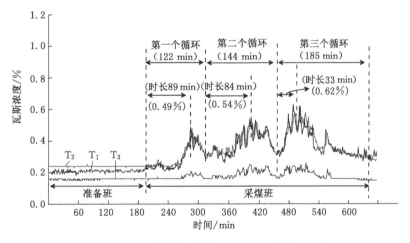

图 8-29　采煤作业期间 3 个探头瓦斯浓度变化

在三次循环中,从采煤机开始割煤至出现瓦斯浓度最高值时刻需要的时间分别为 89 min、84 min 和 33 min,对应时间段内瓦斯浓度的变化率逐渐增大,各瓦斯浓度峰值逐渐增大,分别为 0.49%、0.54% 和 0.62%。由此可知,采煤速度越快,达到峰值的时间越短。割一刀煤刚结束时,瓦斯浓度达到峰值。

除了上述在正常情况下采煤班瓦斯监测曲线呈"三连峰"或"四连峰"特征,还有一种情况下曲线呈"单峰"特征。以 2015 年 3 月 14 日该工作面瓦斯浓度监测曲线为例(图 8-30),整个采煤班只进行一次割煤作业,时间段为 1 a.m.～9 a.m.。

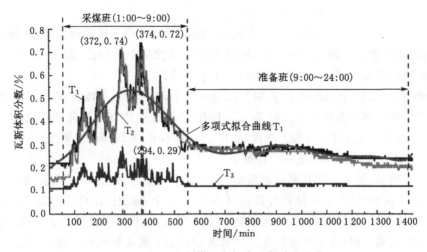

图 8-30　一次割煤 3 个探头瓦斯浓度变化

8.5.2　现场应用价值

①　安全监管部门根据瓦斯浓度监测曲线特征规律可远程在线判定煤矿企业实际工况和年产量等情况,减轻现有监管力量薄弱与煤矿企业监督需求的矛盾,还可对企业上报材料的真实性做辅助性判断,提高了安全监管部门监督管理的能力。

②　为企业管理人员提供了一种低成本、快速高效的井上实时判定采煤工作面工作情况的新手段。企业管理人员利用瓦斯浓度监测曲线与生产工序的对应关系,可以实时判定采煤工作面生产情况,根据瓦斯浓度监测曲线的峰值特征预测该采煤工作面产量。

③　企业安全管理人员根据瓦斯浓度监测曲线关联性特征可以比较准确地判断瓦斯浓度传感器的工作状态,及时发现传感器自身故障和随意改变传感器位置等违章行为。利用采煤机割煤速度与峰值的正相关关系,提前预测瓦斯浓度峰值,及时调整采煤机割煤速度,从而达到预防瓦斯浓度超限的目的,提升企业安全生产技术管理水平。

8.6　基于瓦斯浓度特征的瓦斯气团漂移现象初探

目前,公认瓦斯气体的运移方式和驱动力主要包括浓度差驱动下的气体扩散、压力差驱动下的气体运动和浮力驱动下的气体漂浮,具体表现为:瓦斯气体总是由浓度高的地方向浓度低的地方扩散[182],由压力大的地方向压力小的地方运动[182,183]。在空气的作用下,涌入到采掘空间里的瓦斯气体倾向于向上漂浮,易于在巷道(采空区)顶部集聚[184]。然而,通过对采煤工作面瓦斯浓度数据监测发现,监测探头能捕捉到的瓦斯运移现象与以往认识有所不同,表现出新的运移特点,即所谓的瓦斯气团漂移现象。

本节通过分析瓦斯气团漂移的典型特征,并探讨其在安全生产管理中的应用价值。

8.6.1　采煤工作面瓦斯气团漂移特征分析

采煤工作面瓦斯涌出量的大小,受煤层瓦斯地质条件、生产条件和生产工序的影响很大,以致采煤工作面回风流中的瓦斯浓度(瓦斯体积分数)经常发生变化,采煤生产工序割煤或落煤时,会产生大量瓦斯气体。通常认为,新产生的瓦斯气体,在通风风流的作用下,很快发生浓度扩散,即使存在瓦斯不均匀分布,也主要表现为瓦斯分层现象,最多经过数十米的距离,新产生的高浓度瓦斯气体即可与空气完全混合而得到稀释,最终被回风风流带出采掘空间。事实上,采煤工作面新产生的高浓度瓦斯气体,经过一定程度的稀释后,能够在回风巷中形成瓦斯气团,并且这种瓦斯气团随回风风流一起,漂移很长距离仍能保持气团内部的浓度结构不变。这一特征,可以通过采煤工作面回风巷中相邻 2 个瓦斯浓度传感器的监测曲线波形和波幅的相似性得到证实。

图 8-31 是根据某矿 16021 工作面回风巷中,2 个相距 492 m 的瓦斯浓度传感器 T_1 和 T_2,在 24 h 内监测的数据绘制的可视化曲线[取值间隔为 1 min,图 8-31(b)是图 8-31(a)的局部放大图]。

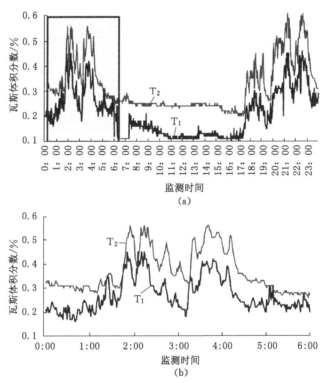

图 8-31 16021 采煤工作面回风巷瓦斯浓度传感器 T_1 和 T_2 监测曲线

(a) 24 h 监测曲线;(b) 0:00~6:00 监测曲线

从图 8-31 可以看到,在 0:00~6:00 之间,采煤工作面综采机组割煤作业产生了大量瓦斯气体,T_1 和 T_2 瓦斯浓度监测曲线先后出现了高值段。因为传感器 T_1 和 T_2 瓦斯浓度监测曲线波形和波幅的相似性,可以判断先后探测到的是同一个瓦斯气团。该瓦斯气团从 T_1 所在的巷道位置运动到 T_2 的位置,沿途经过 492 m,虽然有新源瓦斯涌入和一定程度的浓度扩散,使 T_2 探测到的瓦斯浓度曲线与 T_1 相比较,在基值上有一定变化,但是,T_2 探测到的瓦斯浓度曲线的波形和波幅与 T_1 具有明显的相似性,甚至瓦斯浓度监测曲线的整体波形都保持不变。说明传感器 T_1 探测到的瓦斯气团,在到达 T_2 之后,没有与空气完全均匀混合,仍然保持着气团在 T_1 位置时的内部浓度分布特征,以致传感器 T_2 探测到的气团浓度整体变化特征与传感器 T_1 探测到的特征几乎完全相同。在 17:00~24:00 之间,也可以看到类似情况,传感器 T_1 和 T_2 均出现了波形和波幅相似的高值浓度曲线段,与采煤循环完全对应。

图 8-32 为某矿 14171 采煤工作面回风巷相邻两个传感器 T_1 和 T_2 在 0:00～24:00 时间内监测数据的可视化曲线。同样可以清楚地看到,T_1 和 T_2 先后探测到的瓦斯浓度监测曲线具有明显的相似性。

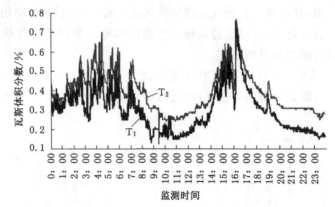

图 8-32　14171 采煤工作面回风巷瓦斯浓度传感器 T_1 和 T_2 监测曲线

事实上,在煤矿正常生产活动中,采煤工作面回风巷相邻传感器先后探测到波形和波幅相似的瓦斯浓度变化情况,比比皆是。因而,笔者认为,如同天空中的云朵随风飘动一样,采煤工作面回风巷中的瓦斯气团,在通风风流的携带下,同样能够以气团的方式,由上游向下游漂移,经过数百米距离,气团浓度结构没有发生明显变化;而且,在采煤工作面回风巷中,风流携带气团漂移的瓦斯气体运移形式是一种普遍现象。

8.6.2　采煤工作面瓦斯气团漂移速度的计算

采煤工作面回风巷中,风流携带气团漂移的瓦斯运移形式,使相邻的 2 个传感器能够先后探测到波形和波幅相似的同一个气团。瓦斯气团平均漂移速度可以根据传感器 T_1 和 T_2 先后探测到同一气团的时间差和两个传感器之间的实际距离计算出来。计算公式为:

$$v = L / \Delta t$$

式中　v——瓦斯气团平均漂移速度,m/s;

L——相邻传感器 T_1 和 T_2 之间的距离,m;

Δt——相位差,即同一个瓦斯气团被 T_1 和 T_2 先后探测到的时间差($\Delta t = t_2 - t_1$),t_1 和 t_2 分别是传感器 T_1 和 T_2 探测到同一个瓦斯气团的时间。

根据某矿 16021 工作面回风巷中 T_1 和 T_2 相邻 2 个传感器的瓦斯浓度监测数据,已知 T_1 和 T_2 两个传感器相距 630 m,先后探测到了波形和波幅相似的瓦斯浓度变化曲线,表明多个高浓度瓦斯气团先后被 T_1 和 T_2 探测到。为了计算瓦斯气团平均漂移速度,可以分别从 T_1 和 T_2 监测曲线上,选取一个相同气团的曲线特征点(如波峰),读取相位差 Δt。此例中 $\Delta t = 5$ min,T_1 和 T_2 之间的距离 $L = 630$ m。根据公式,计算该瓦斯气团在 T_1 和 T_2 间的平均漂移速度为 2.1 m/s,计算过程如下:

$$V = L / \Delta t = 630 / 5 \times 60 = 2.1 \ (\text{m/s})$$

应用上述方法,伴随某矿 16021 采煤工作面回采进程(T_2 位置不变,T_1 向 T_2 逐步靠近),在相邻传感器 T_1 和 T_2 的间距分别为 642 m、539 m、482 m、435 m、230 m 时,对回风巷中瓦斯气团漂移速度进行了计算,并与巷道中风速传感器探测到的风速值进行了比较(表8-1)。结果表明:两者的绝对误差小于 0.29 m/s,相对误差小于 13.6%。

表 8-1 瓦斯气团漂移速度计算值与巷道风速监测值对比

序号	L /m	Δt /min	v /(m/s)	风速监测值 /(m/s)	绝对误差 /(m/s)	相对误差 /%
1	642	6	1.78	2.02	−0.24	11.9
2	539	5	1.80	1.75	0.05	2.9
3	482	4	2.01	1.84	0.17	9.2
4	435	3	2.42	2.13	0.29	13.6
5	230	2	1.91	1.69	0.22	1.3

8.6.3 现场应用价值

就煤矿安全生产而言,对回风巷中瓦斯气团的研究,有三个方面的重要应用:

① 在矿井灾害防治方面,有助于消除高浓度瓦斯气团可能带来的隐患。回风风流中瓦斯气团的存在,特别是出现了高浓度瓦斯气团,可能具有使人窒息和发生爆炸的危险,需要严加监控,并采取特殊的辅助通风措施,使其尽快与空气混合稀释,避免高浓度瓦斯气团滞留致灾,确保人员和生产安全。

② 在通风管理方面,瓦斯气团漂移现象为安全生产管理人员提供了一种井上实时测定回风巷中瓦斯运移速度的新手段。可以利用瓦斯浓度监测系统,根据井下 2 个相邻瓦斯浓度传感器探测到同一瓦斯气团的时间差和 2 个传感器之间的实际距离,在井上实时计算回风巷中瓦斯气体平均运移速度。通过计算瓦斯气体运移速度,并与井下通风风流现场实测风速进行比较分析,能够及时发现人工风速观测可能产生的错误数据,使矿井通风数据更加准确可靠,并且有助于优化采煤工作面通风设计。

③ 由于瓦斯气团漂移现象的存在,相邻瓦斯浓度传感器能够先后探测到同一个瓦斯气团,相邻瓦斯浓度传感器监测到的瓦斯浓度变化曲线具有波形和波幅相似的特点。据此关联性,可以比较准确地判断瓦斯浓度传感器的工作状态,及时发现传感器自身故障和随意改变传感器位置等违章行为。

参考文献

[1] 科学网.构筑能源新体系助推"能源革命"[EB/OL].(2019-09-26)[2020-05-29].http：//news.sciencenet.cn/sbhtmlnews/2019/9/349876.shtm.

[2] 科学网.中国"能源独立"的启示与机遇[EB/OL].(2019-09-30)[2020-4-11].http：//news.sciencenet.cn/sbhtmlnews/2019/9/349976.shtm？id＝349976.

[3] 袁亮,张平松.煤炭精准开采地质保障技术的发展现状及展望[J].煤炭学报,2019,44(8)：2277-2284.

[4] 康红普,徐刚,王彪谋,等.我国煤炭开采与岩层控制技术发展40a及展望[J].采矿与岩层控制工程学报,2019,1(2)：7-39.

[5] 国家煤矿安全监察局.防治煤与瓦斯突出细则[M].北京：煤炭工业出版社,2019.

[6] 新华网.贵州织金煤矿煤与瓦斯突出事故搜救结束7人遇难[EB/OL].(2019-12-01)[2020-4-11].http：//www.xinhuanet.com/local/2019/12/01/c_1125294800.htm.

[7] 张子敏,张玉贵.大平煤矿特大型煤与瓦斯突出瓦斯地质分析[J].煤炭学报,2005,30(2)：137-140.

[8] 张子敏,张玉贵.瓦斯地质规律与瓦斯预测[M].北京：煤炭工业出版社,2005.

[9] 崔洪庆,姚念岗.不渗透断层与瓦斯灾害防治[J].煤炭学报,2010,35(9)：1486-1489.

[10] 高亚斌,林柏泉,杨威,等.不渗透小断层群瓦斯异常赋存特点及防治研究[J].中国矿业大学学报,2013,42(6)：989-995.

[11] 刘欢,林寿发,宋传中.桐柏山L构造岩形成机制构造解析及其对造山带演化的制约[J].地质学报,2016,90(6)：1098-1111.

[12] 肖睿,邓虎成,彭先锋,等.基于古应力场模拟的多期区域构造裂缝分布预测评价技术：以中国泌阳凹陷安棚油田为例[J].科学技术与工程,2015,15(30)：97-105.

[13] DIMITRAKOPOULOS R,LIS.Quantification of fault uncertainty and risk management in longwall coal mining：back-analysis study at North Goonyella mine,Queensland[A].Geological Hazards[C],2001.

[14] 张亚明,赵明鹏,周立岱,等.掘进巷道前方隐伏断层超前定量预报[J].煤田地质与勘探,2002,30(5)：14-16.

[15] 崔洪庆,张振文.工作面前方隐伏断层综合预测方法[J].黑龙江科技学院学报,2003,13(3)：28-31.

[16] WU Q,et al.The prediction of size-limited structures in a coal mine using Artificial Neural Networks[J].International Journal of Rock Mechanics and Mining Sciences,2008,45(6)：999-1006.

[17] 武强,陈红,刘守强.基于环套原理的ANN型矿井小构造预测方法与应用：以淄博岭子煤矿为例[J].煤炭学报,2010,35(3)：449-453.

[18] ZHU B L,et al.Quantitative evaluation of coal-mining geological condition[J].Procedia Engineering,2011,26:630-639.

[19] 许友志,毛善君.曲面磨光法及其在煤田隐伏构造预测中的应用[J].中国矿业大学学报, 1993,22(1):44-53.

[20] 陈贵仁,姜志方.煤田构造预测中的数学地质方法[J].辽宁工程技术大学学报(自然科学版),1998,17(4):367-372.

[21] 邓寅生,康继武.通二井田煤层小构造复杂程度的定量预测[J].煤田地质与勘探,1998, 26(4):26-30.

[22] LEŚNIAK ANDRZEJ,ISAKOW ZBIGNIEW.Space-time clustering of seismic events and hazard assessment in the Zabrze-Bielszowice coal mine,Poland[J].International Journal of Rock Mechanics & Mining Sciences,2009,46(5):918-928.

[23] 黄丹,廖太平,邓吉州,等.分形理论在断裂构造研究中的应用前景[J].重庆科技学院学报,2010,12(6):83-85.

[24] 刘玉林.分形理论在霍林河煤田构造复杂程度评价中的应用[J].煤炭技术,2004,23(11):91-93.

[25] SUN X Y,XIA Y C.Research on development character of middle and small size fault structure in DongPang mine field on fractal theory[C]//2010 International Conference on Computing,Control and Industrial Engineering.Wuhan,China.IEEE,:170-174.

[26] 黄乃斌.煤矿开采工作面内小构造预测研究[J].煤田地质与勘探,2006,34(4):22-25.

[27] 廉法宪.用"几何透视"法定量预测回采工作面内的断层构造[J].煤田地质与勘探,2001,29(5):17-20.

[28] WU Q,et al.An approach to computer modeling and visualization of geological faults in 3D [J].Computers & Geosciences,2003,29(4):503-509.

[29] 武强,黄晓玲,董东林,等.GIS技术在预报煤层回采前方小构造的应用潜力[J].煤炭学报,1999,24(2):113-117.

[30] ZHU L F,et al.An approach to computer modeling of geological faults in 3D and an application[J].Journal of China University of Mining and Technology,2006,16(4):461-465.

[31] 李增学.强岩层效应值在矿井构造预测中的应用[J].煤炭科学技术,1994,22(7):23-25.

[32] 赵存明,石炳华,邢少春,等.张小楼井田七煤未采区小断层定量预测[J].煤田地质与勘探,1995,23(4):31-34.

[33] 冉恒谦,张金昌,谢文卫,等.地质钻探技术与应用研究[J].地质学报,2011,85(11):1806-1822.

[34] 宋子良,王学民,姚威,等.坑透钻探及跟踪分析法在突出煤层过地质构造带中的应用[J].煤矿安全,2014,45(8):151-153.

[35] BABAEI KHORZOUGHI M,et al.Processing of measurement while drilling data for rock mass characterization[J].International Journal of Mining Science and Technology,2016,26(6):989-994.

[36] 杜平,张立新,杨丽.钻探工程学[M].成都:电子科技大学出版社,2014.

[37] 董书宁.煤矿安全高效生产地质保障技术现状与展望[J].煤炭科学技术,2007,35(3):

1-5.

[38] FRANK H, et al. Evolution and application of in-seam drilling for gas drainage[J]. International Journal of Mining Science and Technology,2013,23(4):543-553.

[39] WANG F T,et al.Implementation of underground longhole directional drilling technology for greenhouse gas mitigation in Chinese coal mines[J]. International Journal of Greenhouse Gas Control,2012,11:290-303.

[40] 李志聃,岳建华.高精度磁测技术在强干扰矿区圈定火成岩侵入体的应用[J].中国矿业大学学报,1994,23(3):48-54.

[41] 张恒磊,刘天佑,朱朝吉,等.高精度磁测找矿效果:以青海尕林格矿区为例[J].物探与化探,2011,35(1):12-16.

[42] ARTHUR J M, LAWTON D C,WONG J. Physical seismic modeling of a vertical fault [A].Seg Technical Program Expanded[C],2012.

[43] HATHERLY P, et al. Overview on the application of geophysics in coal mining[J]. International Journal of Coal Geology,2013,114:74-84.

[44] HATHERLY P,POOLE G,MASON I,et al.3D seismic surveying for coal mine applications at Appin Colliery, NSW[J].Exploration Geophysics,1998,29(4):407-409.

[45] MEER F VAN D, HECKER C, RUITENBEEK F V,et al.Geologic remote sensing for geothermal exploration:A review[J].International Journal of Applied Earth Observation & Geoinformation,2014,33(1):255-269.

[46] HOLUB K, PETROŠV. Some parameters of rockbursts derived from underground seismological measurements[J].Tectonophysics,2008,456(1-2):67-73.

[47] 程久龙,李飞,彭苏萍,等.矿井巷道地球物理方法超前探测研究进展与展望[J].煤炭学报,2014,39(8):1742-1750.

[48] 贾建称,陈健,柴宏有,等.矿井构造研究现状与发展趋势[J].煤炭科学技术,2008,36(10):72-77.

[49] MASON I,et al.A channel wave transmission study in the Newcastle Coal Measures, Australia[J].Geoexploration,1985,23(3):395-413.

[50] 储绍良.矿井物探应用[M].北京:煤炭工业出版社,1995.

[51] 刘天放,李志聃.矿井地球物理勘探[M].北京:煤炭工业出版社,1993.

[52] 师旭.煤矿井下巷道槽波超前探测技术研究[D].徐州:中国矿业大学,2014.

[53] 丁宝国,沈跃加.瑞利波探测技术用于矿井地质超前探测[J].煤田地质与勘探,2009,37(4):61-63.

[54] 李锦飞,李人厚.瑞利波勘探技术的发展与应用[J].煤炭学报,1997,22(2):122-126.

[55] 王文德,赵炯,胡继武.弹性波 CT 技术及应用[J].煤田地质与勘探,1996,24(5):57-60.

[56] HANSON D R,VANDERGRIFT T L,DEMARCO M J,et al.Advanced techniques in site characterization and mining hazard detection for the underground coal industry[J]. International Journal of Coal Geology,2002,50(4):275-301.

[57] ZHOU B Z,HATHERLYP.Fault and dyke detectability in high resolution seismic surveys for coal:a view from numerical modelling[J]. Exploration Geophysics,2014,45(3):223-233.

[58] 吴有信,王琦.煤矿井下采区地震勘探技术现状与思考[J].煤炭科学技术,2010,38(1): 101-106.

[59] 陈同俊,崔若飞,郎玉泉,等.煤田采区三维地震精细构造解释方法[J].地球物理学进展, 2007,22(2):573-578.

[60] LUO X,KING A,VAN DE WERKEN M.Tomographic imaging of rock conditions ahead of mining using the shearer as a seismic source:A feasibility study[J].IEEE Transactions on Geoscience and Remote Sensing,2009,47(11):3671-3678.

[61] LIU S D,ZHANG P S,CAO Y,et al.Characteristic of geological anomaly detected by combined geophysical methods in a deep laneway of coal mine[J].Procedia Earth and Planetary Science,2009,1(1):936-942.

[62] 赵育台.中国煤炭电法勘探技术的发展与实践[J].中国煤田地质,2003(6):59-64.

[63] TAO Z,RUI F,ZHOU J,et al.Themethod for inferring a buried fault from resistivity tomograms and its typical electrical features[J].Earthquake Research in China,2009, 31(4):34-43.

[64] 岳建华,薛国强.中国煤炭电法勘探36年发展回顾[J].地球物理学进展,2016,31(4): 1716-1724.

[65] 张萍芳,高建中,徐少华.焦作矿区电法探测导、含水构造的效果[J].煤田地质与勘探, 1997,25(5):40-43.

[66] 李冬林,姜振泉,杨栋梁.煤层底板音频电透视探测成果反映的底板阻水条件[J].地球科 学与环境学报,2005,27(3):68-71.

[67] 刘树才,刘志新,姜志海.瞬变电磁法在煤矿采区水文勘探中的应用[J].中国矿业大学学 报,2005,34(4):414-417.

[68] 张金才,茹瑞典.地质雷达在煤矿井下的应用研究[J].煤炭学报,1995,20(5):479-484.

[69] 王连成.矿井地质雷达的方法及应用[J].煤炭学报,2000,25(1):5-9.

[70] LI S C,et al.Predicting geological hazards during tunnel construction[J].Journal of Rock Mechanics and Geotechnical Engineering,2010,2(3):232-242.

[71] 胡明星.卫星遥感和GIS支持下矿区地应力场的分析与应用研究[D].北京:中国矿业大 学(北京校区),1999.

[72] 卢运虎,陈勉,金衍,等.碳酸盐岩声发射地应力测量方法实验研究[J].岩土工程学报, 2011,33(8):1192-1196.

[73] 康红普,林健,张晓.深部矿井地应力测量方法研究与应用[J].岩石力学与工程学报, 2007,26(5):929-933.

[74] 康红普,司林坡,张晓.浅部煤矿井下地应力分布特征研究及应用[J].煤炭学报,2016, 41(6):1332-1340.

[75] 于波,蔡美峰,乔兰.灰色建模理论在峨口铁矿地应力分布规律研究中的应用[J].岩石力 学与工程学报,1996,15(2):122-127.

[76] 杨志强,高谦,翟淑花,等.复杂工程地质体地应力场智能反演[J].哈尔滨工业大学学报, 2016,48(4):154-160.

[77] 倪兴华.地应力研究与应用[M].北京:煤炭工业出版社,2007.

[78] 张子敏.瓦斯地质学[M].徐州:中国矿业大学出版社,2009.

[79]　张子敏,吴吟.中国煤矿瓦斯地质规律及编图[M].徐州:中国矿业大学出版社,2014.

[80]　郭德勇,韩德馨.地质构造控制煤和瓦斯突出作用类型研究[J].煤炭学报,1998,23(4):337-341.

[81]　GUO D Y,HAN D X,JIE J,et al. Research on geological structure mark of coal and gas outbursts in pingdingshan mining area[J].Journal of China University of Mining & Technology,2002,12(1):72-76.

[82]　张子戌.瓦斯地质单元构造复杂程度的定量评价[J].焦作矿业学院学报,1995,14(1):10-13.

[83]　曹运兴.瓦斯地质单元法预测瓦斯突出的认识基础与实践[J].煤炭学报,1995,20(S1):76-78.

[84]　杨陆武,彭立世,曹运兴.应用瓦斯地质单元法预测煤与瓦斯突出[J].中国地质灾害与防治学报,1997,8(3):21-26.

[85]　胡千庭,文光才,董国伟,等.煤矿瓦斯地质四维分析方法:CN102998718A[P].2013-03-27.

[86]　YANG W, LIN B Q,CHENGZ,et al.A new technology for coal and gas control based on the in situ stress distribution and the roadway layout[J].International Journal of Mining Science and Technology,2012,22(2):145-149.

[87]　YANG W,LIN B Q,XU J T.Gas outburst affected by original rock stress direction[J].Natural Hazards,2014,72(2):1063-1074.

[88]　刘明举,刘希亮,何俊.煤与瓦斯突出分形预测研究[J].煤炭学报,1998,23(6):616-619.

[89]　何俊,刘明举,颜爱华.煤田地质构造与瓦斯突出关系分形研究[J].煤炭学报,2002,27(6):623-626.

[90]　练友红,汪长明.用事故树分析法确定煤矿瓦斯突出的主导因素探讨[J].矿业安全与环保,2006,33(S1):95-97.

[91]　郭德勇,李佳乃,王彦凯.基于黏滑失稳与突变理论的煤与瓦斯突出预警模型[J].北京科技大学学报,2013,35(11):1407-1412.

[92]　李胜,罗明坤,范超军,等.采煤工作面煤与瓦斯突出危险性智能判识技术[J].中国安全科学学报,2016,26(10):76-81.

[93]　ZHANG R L,LOWNDES I S.The application of a coupled artificial neural network and fault tree analysis model to predict coal and gas outbursts[J].International Journal of Coal Geology,2010,84(2):141-152.

[94]　伍爱友,田云丽,宋译,等.灰色系统理论在矿井瓦斯涌出量预测中的应用[J].煤炭学报,2005,30(5):589-592.

[95]　YAO Y B,LIU D M,TANG D Z,et al.A comprehensive model for evaluating coalbed methane reservoirs in China[J].Acta GeologicaSinica - English Edition,2010,82(6):1253-1270.

[96]　CAI Y D,LIU D M,YAO Y B,et al.Geological controls on prediction of coalbed methane of No.3 coal seam in Southern QinshuiBasin,North China[J].International Journal of Coal Geology,2011,88(2/3):101-112.

[97]　刘志刚,崔洪庆,孙殿卿.断裂多期活动及其研究意义[J].地质力学学报,1995,1(1):76-81.

[98]　康继武.褶皱构造控制煤层瓦斯的基本类型[J].煤田地质与勘探,1994,22(1):30-32.

[99] 韩军,张宏伟,霍丙杰.向斜构造煤与瓦斯突出机理探讨[J].煤炭学报,2008,33(8): 908-913.

[100] 张登龙.谈褶曲构造对煤矿生产的影响[J].矿业安全与环保,2002,29(S1):89-90.

[101] 王生全,李树刚,王贵荣,等.韩城矿区煤与瓦斯突出主控因素及突出区预测[J].煤田地质与勘探,2006,34(3):36-39.

[102] 彭立世,袁崇孚.瓦斯地质与瓦斯突出预测[M].北京:中国科学技术出版社,2009.

[103] 张子敏,吴吟.中国煤矿瓦斯赋存构造逐级控制规律与分区划分[R].北京:中国煤炭学会,2012.

[104] 程远平,付建华,俞启香.中国煤矿瓦斯抽采技术的发展[J].采矿与安全工程学报,2009,26(2):127-139.

[105] 于不凡.煤矿瓦斯灾害防治及利用技术手册[M].北京:煤炭工业出版社,2000.

[106] 张启锐.地质趋势面分析[M].北京:科学出版社,1990.

[107] 刘绍平,汤军,许晓宏.数学地质方法及应用[M].北京:石油工业出版社,2011.

[108] 杨永国.数学地质[M].徐州:中国矿业大学出版社,2010.

[109] 于不凡.煤矿瓦斯灾害防治及利用技术手册[M].北京:煤炭工业出版社,2005.

[110] 王建.Surfer 8 地理信息制图[M].北京:中国地图出版社,2004.

[111] 丁伟.精通 MATLAB R2014a[M].北京:清华大学出版社,2015.

[112] 白世彪,陈晔,王建.等值线绘图软件 SURFER7.0 中九种插值法介绍[J].物探化探计算技术,2002,24(2):157-162.

[113] 赵廷严.浅析钻孔弯曲产生的原因及预防纠正措施[J].中国煤炭地质,2009,21(S1): 62-63.

[114] 陈贵仁,姜志方,孙洪泉.煤田构造预测中的数学地质方法[J].辽宁工程技术大学学报(自然科学版),1998,17(4):367-372.

[115] 苏庆堂.MATLAB 原理及应用案例教程[M].北京:清华大学出版社,2016.

[116] 国家安全生产监督管理总局,国家煤矿安全监察局.煤矿安全规程[M].北京:煤炭工业出版社,2016.

[117] LEVINE J R.Model study of the influence of matrix shrinkage on absolute permeability of coal bed reservoirs[J].Geological Society,London,Special Publications,1996,109(1): 197-212.

[118] 陈金刚,秦勇,宋全友,等.割理方向与煤层气抽放效果的关系及预测模型[J].中国矿业大学学报,2003,32(3):223-226.

[119] 陈金刚,宋全友,秦勇.煤层割理在煤层气开发中的试验研究[J].煤田地质与勘探,2002,30(2):26-28.

[120] 翟成,林柏泉,王力.我国煤矿井下煤层气抽采利用现状及问题[J].天然气工业,2008,28(7):23-26.

[121] 国家安全生产监督管理总局,国家煤矿安全监察局.煤矿地质工作规定[M].北京:煤炭工业出版社,2014.

[122] 朱兴珊,徐凤银.论构造应力场及其演化对煤和瓦斯突出的主控作用[J].煤炭学报,1994,19(3):304-314.

[123] 汪吉林,李仁东,姜波.构造应力场对煤与瓦斯突出的控制作用[J].煤炭科学技术,

2008,36(4):47-50.

[124] 汤昆,孔令国.煤矿构造应力、地温变化与瓦斯异常的关系[J].云南地质,2007,26(3):
322-327.

[125] PAUL S,CHATTERJEER.Determination of in-situ stress direction from cleat orientation
mapping for coal bed methane exploration in south-eastern part of Jhariacoalfield,India[J].
International Journal of Coal Geology,2011,87(2):87-96.

[126] 孟召平,侯泉林.高煤级煤储层渗透性与应力耦合模型及控制机理[J].地球物理学报,
2013,56(2):667-675.

[127] 秦勇,张德民,傅雪海,等.山西沁水盆地中、南部现代构造应力场与煤储层物性关系之
探讨[J].地质论评,1999,45(6):576-583.

[128] 傅雪海,秦勇,李贵中,等.山西沁水盆地中、南部煤储层渗透率影响因素[J].地质力学
学报,2001,7(1):45-52.

[129] 谢富仁,崔效锋,赵建涛.全球应力场与构造分析[J].地学前缘,2003,10(S1):22-30.

[130] 康红普,伊丙鼎,高富强,等.中国煤矿井下地应力数据库及地应力分布规律[J].煤炭学
报,2019,44(1):23-33.

[131] MARK C,MUCHO T P. Longwall mine design for control of horizontal stress[A].U.S.
Bureau of Mines Technology Transfer Seminar[C],1994.

[132] 康红普.煤岩体地质力学原位测试及在围岩控制中的应用[M].北京:科学出版社,2013.

[133] COGGAN J,GAO F,STEAD D,et al.Numerical modelling of the effects of weak immediate
roof lithology on coal mine roadway stability[J].International Journal of Coal Geology,
2012, S(1):100-109.

[134] ESTERHUIZEN G,DOLINAR D,IANNACCHIONE A.Field observations and numerical
studies of horizontal stress effects on roof stability in US limestone mines[J].Journal of the
South African Institute of Mining and Metallurgy,2008,108:345-352.

[135] 康红普,林健,颜立新,等.山西煤矿矿区井下地应力场分布特征研究[J].地球物理学
报,2009,52(7):1782-1792.

[136] KANG H,ZHANG X,SI L,et al.In-situ stress measurements and stress distribution
characteristics in underground coal mines in China[J].Engineering Geology,2010,
116(3/4):333-345.

[137] 勾攀峰,韦四江,张盛.不同水平应力对巷道稳定性的模拟研究[J].采矿与安全工程学
报,2010,27(2):143-148.

[138] 秦丽杰.古汉山矿现代构造应力场研究[D].焦作:河南理工大学,2014.

[139] 赵兴东,王述红,贾明魁,等.古汉山矿软岩巷道地质因素分析[J].煤田地质与勘探,
2005,33(1):44-45.

[140] WOLD M B,CONNELL L D,CHOI S K.The role of spatial variability in coal seam
parameters on gas outburst behaviour during coal mining[J].International Journal of Coal
Geology,2008,75(1):1-14.

[141] WHITTLES D N,LOWNDES I S,KINGMAN S W,et al.Influence of geotechnical factors
on gas flow experienced in a UK longwall coal mine panel[J].International Journal of Rock
Mechanics and Mining Sciences,2006,43(3):369-387.

[142] BILIM N,ÖZKAN İ.Determination of the effect of roof pressure on coal hardness and excavation productivity:an example from a Çayırhan lignite mine,Ankara,Central Turkey [J].International Journal of Coal Geology,2008,75(2):113-118.

[143] 李树刚,李生彩,林海飞,等.卸压瓦斯抽取及煤与瓦斯共采技术研究[J].西安科技学院学报,2002,22(3):247-249.

[144] 钱鸣高,许家林.覆岩采动裂隙分布的"O"形圈特征研究[J].煤炭学报,1998,23(5):466-469.

[145] 李树刚,钱鸣高,石平五.煤层采动后甲烷运移与聚集形态分析[J].煤田地质与勘探,2000,28(5):31-33.

[146] 贾晓亮,崔洪庆,张子敏.断层端部地应力影响因素数值分析[J].煤田地质与勘探,2010,38(4):47-51.

[147] 贾天让,王蔚,张子敏,等.现代构造应力场下断层走向对瓦斯突出的影响[J].采矿与安全工程学报,2013,30(6):930-934.

[148] 陈育民,徐鼎平.FLAC/FLAC³ᴰ基础与工程实例[M].北京:中国水利水电出版社,2009.

[149] 李围.隧道及地下工程 FLAC 解析方法[M].北京:中国水利水电出版社,2009.

[150] 蒋金泉,武泉林,曲华.硬厚覆岩正断层附近采动应力演化特征[J].采矿与安全工程学报,2014,31(6):881-887.

[151] 张吉雄.矸石直接充填综采岩层移动控制及其应用研究[D].徐州:中国矿业大学,2008.

[152] 谢文兵,陈晓祥,郑百生.采矿工程问题数值模拟研究与分析[M].徐州:中国矿业大学出版社,2005.

[153] 刘少伟,焦建康.九里山井田断层构造区应力分析及区域划分[J].中国安全生产科学技术,2014,10(2):44-50.

[154] 胡广东,崔洪庆,关金锋.煤层小褶曲应力分布数值模拟[J].安全与环境学报,2016,16(1):54-57.

[155] 王生全,王贵荣,常青,等.褶皱中和面对煤层的控制性研究[J].煤田地质与勘探,2006,34(4):16-18.

[156] 陈波,田崇鲁.储层构造裂缝数值模拟技术的应用实例[J].石油学报,1998,19(4):50-54.

[157] 谢广祥.采高对工作面及围岩应力壳的力学特征影响[J].煤炭学报,2006,31(1):6-10.

[158] 谢广祥,杨科,常聚才,等.综放采场围岩支承压力分布及动力灾害的层厚效应[J].煤炭学报,2006,31(6):731-735.

[159] 廖秋林,曾钱帮,刘彤,等.基于 ANSYS 平台复杂地质体 FLAC³ᴰ模型的自动生成[J].岩石力学与工程学报,2005,24(6):1010-1013.

[160] 李根,赵娜.以 ANSYS 为平台的复杂模型到 FLAC³ᴰ导入技术[J].辽宁工程技术大学学报(自然科学版),2008,27(S1):101-103.

[161] 崔芳鹏,胡瑞林,刘照连,等.基于 Surfer 平台的 FLAC³ᴰ复杂三维地质建模研究[J].工程地质学报,2008,16(5):699-702.

[162] 张明建.含软弱夹层的倾斜岩层平巷围岩失稳机制及支护技术研究[D].焦作:河南理工大学,2009.

[163] 蔡美峰.岩石力学与工程[M].北京:科学出版社,2002.

[164] 吕梦蛟,李先章,李玉申.三软厚煤层综采工作面采动应力分布规律研究[J].煤炭科学技术,2011,39(7):21-24.

[165] 刘杰,王恩元,赵恩来,等.深部工作面采动应力场分布变化规律实测研究[J].采矿与安全工程学报,2014,31(1):60-65.

[166] ZHANG N, ZHANG N C, HAN C L, et al. Borehole stress monitoring analysis on advanced abutment pressure induced by Longwall Mining [J]. Arabian Journal of Geosciences,2014,7(2):457-463.

[167] 尹光志,何兵,李铭辉,等.采动过程中瓦斯抽采流量与煤层支承应力的相关性[J].煤炭学报,2015,40(4):736-741.

[168] 王磊.应力场和瓦斯场采动耦合效应研究[D].淮南:安徽理工大学,2010.

[169] 张岳桥,杨农,马寅生.太行山隆起南段新构造变形过程研究[J].地质力学学报,2003,9(4):313-329.

[170] 徐杰,高战武,宋长青,等.太行山山前断裂带的构造特征[J].地震地质,2000,22(2):111-122.

[171] 牛树银.太行山区地壳演化及成矿规律[M].北京:地震出版社,1994.

[172] 河南省煤炭工业管理局,河南理工大学.河南省瓦斯地质规律研究及煤矿瓦斯地质图编制[M].北京:地质出版社,2010.

[173] 田俊伟.太行山构造演化对焦作矿区瓦斯赋存的控制研究[J].煤炭科学技术,2015,43(7):127-130.

[174] PENG S S.煤矿围岩控制[M].翟新献,翟俨伟,译.北京:科学出版社,2014.

[175] 李树刚,魏引尚.安全监测与监控[M].徐州:中国矿业大学出版社,2011.

[176] 李宗翔.综放工作面采空区瓦斯涌出规律的数值模拟研究[J].煤炭学报,2002,27(2):173-178.

[177] 杨茂林,薛友欣,姜耀东,等.离柳矿区综采工作面瓦斯涌出规律研究[J].煤炭学报,2009,34(10):1349-1353.

[178] 俞启香,王凯,杨胜强.中国采煤工作面瓦斯涌出规律及其控制研究[J].中国矿业大学学报,2000,29(1):9-14.

[179] 鲁忠良,魏震,李玉江,等.采煤工作面瓦斯体积分数分布规律研究[J].河南理工大学学报(自然科学版),2016,35(6):771-774.

[180] 何利文,施式亮,宋译,等.回采工作面瓦斯涌出的复杂性及其度量[J].煤炭学报,2008,33(5):547-550.

[181] 王志亮,陈学习,杨涛.采煤工作面落煤瓦斯涌出量测定方法及应用研究[J].中国煤炭,2016,42(10):92-96.

[182] 王恩元,梁栋,柏发松.巷道瓦斯运移机理及运移过程的研究[J].山西矿业学院学报,1996(2):130-135.

[183] 李东印,许灿荣,熊祖强.采煤工作面瓦斯流动模型及 COMSOL 数值解算[J].煤炭学报,2012,37(6):967-971.

[184] 何磊,杨胜强,孙祺,等.Y 型通风下采空区瓦斯运移规律及治理研究[J].中国安全生产科学技术,2011,7(2):50-54.